LA CONCORDE.

LE VRAI

RÉPUBLICAIN

Manuel du Représentant et de l'Électeur.

LA CONCORDE.

LE VRAI
RÉPUBLICAIN

Manuel du Représentant et de l'Electeur

PAR

UN AGRICULTEUR.

PARIS.

IMPRIMERIE BONAVENTURE ET DUCESSOIS,
55, quai des Grands-Augustins.

1848

PRÉFACE.

L'auteur de cet opuscule politique, s'adressant à tous les Français, rend d'abord hommage
à la courageuse conduite des ouvriers de Paris
dans les journées de Février, à leur respect pour
l'ordre, pour les droits de tous. Il définit les
nobles sentiments de liberté, de patriotisme; il
montre comment on doit les comprendre, comment il faut les pratiquer; il indique aux travailleurs ce qu'ils ont de mieux à faire dans leurs
intérêts et ceux de la société.

Ayant toujours en vue un plan de régénération sociale par tous les moyens d'amélioration
possible, sans renverser le système actuel, il indique à chacun ce qu'il croit de mieux à faire ;
il dirige les électeurs dans le choix de leurs
mandataires à la représentation nationale; il trace
la ligne politique que peuvent suivre le député,

la représentation nationale, le gouvernement républicain ; enfin, il s'élève aux plus hautes considérations politiques, s'adressant à tous avec le
calme, la force, la dignité qui convient au citoyen convaincu et dévoué.

L'auteur, passant aux considérations générales,
voit dans l'union, l'accord, la fraternité du peuple
français, la plus sûre garantie de sa force, de sa
puissance et de sa dignité ; il y voit le seul et
unique moyen d'établir le gouvernement démocratique sur des bases solides, d'éviter une guerre
européenne.

Arrivant à la partie matérielle, il indique
ce qu'il croit le mieux dans l'intérêt de la
prospérité nationale ; il démontre les avantages
de l'agriculture, il l'organise, parce qu'il considère ses produits comme la source féconde de
toutes les richesses nationales de la France ; il
indique les moyens de venir très-efficacement en
aide à la classe des travailleurs, sans jeter aucune
perturbation dans la société, faisant marcher la
morale avec le bien-être.

L'auteur veut que l'instruction primaire soit

générale et gratis, que des états soient donnés aux enfants des familles pauvres aux frais de l'État ou des communes ; il veut que toutes les profes-sions, depuis le cordonnier jusqu'au maréchal de France, soient également récompensées et honorées, que le travail et la vertu soient seuls récompensés ; que ce soit sur les qualités morales autant que sur les qualités physiques que l'on forme l'esprit public ; il veut la liberté la plus entière pour les transactions entre ouvriers et patrons, la liberté d'associations favorisées par le Gouvernement, mais non monopolisées ; il veut l'augmentation de notre marine jusqu'à ce qu'elle soit assez forte pour protéger efficacement notre commerce extérieur, l'écoulement de nos produits.

Enfin l'auteur donne quelque développement à l'organisation du travail ; il démontre les in-convénients de l'égalité des salaires ; il donne des moyens sûrs pour la colonisation de l'Algérie, pour moraliser les masses et leur donner le bien-être.

AVANT-PROPOS.

Peuple Français, dans cet instant suprême,
souffre qu'un vieux soldat, qu'un cultivateur vé-
téran, animé des plus purs sentiments de patriotisme, fier de vivre sous le régime de l'égalité
fraternelle, de la liberté, plein de confiance dans
la sagesse des citoyens, te fasse entendre la vérité,
qu'il te la dise cette vérité avec toute la franchise
du soldat, du citoyen libre, ami de son pays.

Une fraction héroïque de nos frères, les ouvriers de Paris viennent de ceindre leur front des
lauriers de la victoire, de conquérir pour la
France la liberté la plus entière ; ils se sont im-
mortalisés par leur respect pour les droits de
chacun, leur amour pour l'ordre et la liberté de
tous.

Que cette noble et digne conduite porte ses
fruits, qu'elle nous serve d'exemple, qu'elle soit

notre guide dans les suprêmes devoirs que nous sommes appelés à remplir.

La démocratie que nous avons à constituer est celle qui, honorant, protégeant toutes les professions, tous les intérêts au même degré, donnera à tous les citoyens laborieux et économes le bien-être dans la société. Cependant ce bien-être ne saurait être spontané, les révolutions laissent toujours après elles des traces de gêne, de méfiance, que la sagesse du peuple peut seule faire disparaître.

LA CONCORDE.

LE VRAI

RÉPUBLICAIN

Manuel du Représentant et de l'Electeur.

PREMIÈRE PARTIE.

La France est constituée en République ; cependant peu de gens savent encore ce que c'est que ce genre de gouvernement, et quels sont les devoirs qu'il impose.

La démocratie pure n'est possible, ne peut s'établir sur des bases solides, pousser de nombreuses racines, que lorsqu'elle représente un état social à la consolidation, à l'affermissement duquel concourent tous les citoyens animés des intentions les plus droites et les plus patriotiques. C'est par un religieux respect aux lois, par un sincère attachement aux institutions nationales, par l'amour du pays, de l'ordre et de la liberté, que l'on parviendra à consolider un nouvel ordre social digne des hautes destinées de la France.

Dans un État libre, la liberté doit être la même pour tous les membres de la grande famille nationale sans exception aucune, car, dès qu'un seul citoyen est privé injustement de sa liberté, de ses droits, il n'existe plus d'égalité fraternelle, la liberté n'est plus alors qu'un vain mot ; or, nous tous qui voulons l'égalité, la fraternité pure et sans tache, n'oublions jamais que dans une République, la loi seule a le droit d'interdire le citoyen, de frapper le coupable ; que, dans un État bien constitué, la propriété, la vie des citoyens doivent être inviolables et sacrées ; tous nous devons respect à la liberté individuelle, aux droits acquis, et protection à l'innocence.

Ce qui perd les gouvernements, ce qui ruine le peuple, ce sont les faveurs, les privilèges, accordés à une ou plusieurs classes d'hommes au détriment des autres citoyens ; que les privilégiés s'appellent nobles, bourgeois, travailleurs, le mal est toujours le même ; or, plus de privilèges, que la liberté, le bien-être, la justice soient pour tous.

La vraie liberté est celle qui permet à tous les citoyens de faire, dans leur intérêt, tout ce qui peut leur être agréable et utile sans manquer à l'observance des lois, sans blesser les institutions, sans nuire aux intérêts des autres citoyens, sans nuire par conséquent à l'intérêt général, car c'est de la masse des intérêts particuliers que naît l'intérêt général.

Dans un État libre, dès que quelques intérêts particuliers sont lésés, le mal rejaillit sur la masse entière des citoyens ; il y a alors tiraillement, gêne dans la société ; les rouages du système gouvernemental ne peuvent plus se mouvoir ; la confiance se perd, le commerce est sans activité, le travail cesse, la misère commence ; le mal grossissant chaque jour, les souffrances du peuple augmentent ; dans cet état de crise générale, sans le concours empressé de tous les citoyens pour faire cesser le mal par des institutions et des mesures sages, il n'est pas de gouvernement républicain possible ; c'est l'empire du désordre, de l'anarchie, qui prévaut en faveur du despotisme.

Citoyens, par notre sagesse, notre union, notre amour de l'égalité sociale, de la liberté, par notre patriotisme, évitons de compromettre la victoire du peuple, la dignité de la France ; n'oublions jamais que le despostisme veille, que l'Europe a les yeux fixés sur nous, non pour nous admirer, mais pour observer nos actions, nos mouvements intérieurs ; l'étranger s'arrêtera devant notre accord, notre union, notre patriotisme, mais il saura profiter de nos dissensions, si nous sommes assez peu sages pour allumer le flambeau de la discorde.

L'heure suprême a sonné pour la France ; qu'union, fraternité, sagesse, soit notre devise, citoyens ; l'union fait la force ; de vrais républicains doivent tout attendre de leur courage, et des sentiments de sagesse qui les animent ; le vrai républicain, le vrai patriote est calme, positif, et dévoué ; il sait qu'il se doit tout entier au triomphe de l'égalité sociale, au triomphe de l'ordre et de la liberté, qu'il se doit tout entier à son pays, qu'il ne doit reculer devant aucun sacrifice, même celui de la vie, lorsqu'il s'agit de le rendre puissant et heureux ; qu'il doit convier tous les citoyens au banquet de l'union, de la concorde, de l'ordre et de la paix intérieure, pour travailler tous ensemble au bien public. Le vrai républicain, respectant les institutions nationales, fléchit le genou devant la légalité; il est ferme et immuable devant la vérité, sage et modéré dans ses conseils, comme dans ses paroles; il sait qu'une bonne action, une chose utile, valent mieux, dans l'intérêt de la chose publique, que des milliers de vains et inutiles discours : en conséquence, il cherche moins à bien parler qu'à bien faire; il sait que le dévouement, la droiture, la justice, la bonne foi, sont les mobiles qui constituent le vrai patriotisme; aussi se livre-t-il sans réserve à tous ces nobles sentiments du bien : parce qu'il trouve en eux la plus sûre garantie de l'égalité et de la liberté des citoyens, liberté, égalité qu'ils réclament pour tous; parce qu'il est convaincu que si aujourd'hui un seul citoyen en est privé, demain des milliers, des millions même pourront l'être, et qu'alors il n'existerait plus ni égalité sociale ni liberté en France; car les moindres atteintes portées à ces arches sacrées en seraient la ruine complète.

Toutes les lois, toutes les institutions religieusement observées, peuvent faire le bonheur d'un peuple, donner la prospérité aux nations; mais les meilleures lois, les plus belles institutions, mal comprises, mal appliquées, ne sont que des brandons de discorde à l'usage du mauvais vouloir, des méchantes intentions : en France, les institutions répu-

blicaines peuvent faire le bonheur du pays, mais il
faut qu'elles soient bien comprises, que les lois qui
les protègent soient rigoureusement appliquées et
religieusement observées, que tous les citoyens les
aident du concours des vertus civiques et de celui
du plus pur patriotisme; il faut, en un mot, établir
en France un esprit public fortement constitué.

Un bon esprit public naît ordinairement du concours des citoyens vers le même but, de la confiance qu'inspire le Gouvernement, de l'amour de
tout ce qui est bien, de tout ce qui est utile au pays.

Le Gouvernement républicain est proclamé, mais
il n'est point encore constitué ; la nation entière a
été appelée à l'organisation de cette grande œuvre
de régénération politique: c'est dans ce premier acte
de sa souveraineté que le peuple français va prouver
par sa sagesse à l'Europe attentive, au monde entier, qu'il est digne de marcher à la tête de la civilisation, de vivre sous l'empire d'une démocratie
pure, le plus beau comme le meilleur des gouvernements, lorsqu'il est bien dirigé et apprécié à toute sa
valeur.

Le peuple français prouvera au monde entier le
bon esprit, le patriotisme qui l'anime et le dirige
dans ses actions politiques, en envoyant à la représentation nationale non-seulement de bons républicains, mais encore des hommes instruits, sages, pru-
dents, bien intentionnés, ne laissant rien à désirer
du côté de la moralité publique.

Le bon représentant doit joindre à la sagesse, à la

prudence, un amour du pays au-dessus de toutes choses ; il doit avoir les sentiments de ses obligations, des devoirs que lui impose son mandat de député républicain ; il doit tout faire dans la vue du bien, tout calculer, ne jamais rien hasarder dans son vote, éviter également la prodigalité et les parcimonieuses économies dans le vote du budget, ne jamais céder à des considérations particulières ni personnelles, en un mot ne rien faire au détriment de l'intérêt général ; c'est l'intérêt de tous les citoyens que le vrai représentant de la nation doit protéger et défendre exclusivement : tout doit être grand et utile dans la conduite, les actions du député ; rien n'annonce un esprit rétréci, une médiocrité plus insigne que les petites idées, les petites choses chez l'homme chargé de représenter les intérêts de ses concitoyens, de veiller aux intérêts généraux du pays.

Passant du député à la représentation nationale, nous dirons qu'elle ne saurait mettre trop de réserve dans ses actes, trop d'exactitude dans ses calculs, car la moindre erreur de sa part peut avoir les conséquences les plus funestes pour l'établissement et la consolidation du gouvernement républicain. Les hommes qui veulent sincèrement vivre sous l'empire d'une démocratie sage et modérée, doivent être essentiellement vertueux ; la vertu seule peut créer un solide ordre de choses républicain ; c'est là, Français, une vérité dont chacun de nous doit profondément se pénétrer, si nous voulons que nos sentiments de patriotisme portent des fruits abondants, si nous voulons jouir en paix de l'entière liberté que nous venons de conquérir.

Il serait bien douloureux que cette liberté sans limites, que l'égalité sociale trouvât des ennemis à l'intérieur; mais pour sûr, notre indépendance nationale ne sera pas vue sans crainte à l'extérieur; et sans une grande sagesse dans nos actes, sans l'union fraternelle de tous les citoyens, nous parviendrons difficilement à éviter une guerre européenne, la guerre civile, l'anarchie, le despotisme: ainsi donc, plus de partis, plus de regrets, plus de ressentiments; n'offrons plus à l'Europe étonnée que le spectacle d'un grand peuple réuni pour la défense de sa liberté. Éclairés par l'expérience, sachons en profiter; abjurons ces passions imprudentes qui prépareraient le triomphe de nos ennemis; que l'amour de la patrie, que l'honneur national soient nos guides et notre unique ambition. Unis par les mêmes besoins, les mêmes devoirs, formons de la France libre un faisceau dont les sentiments du plus pur républicanisme, chez tous les citoyens, soient le lien indissoluble; que ce faisceau soit la pierre angulaire contre laquelle viendront se briser toutes les sourdes menées du despotisme et s'anéantir les forces de l'étranger, s'il ose nous attaquer.

Désirant la paix, ne craignons pas la guerre; que la France soit un vaste camp où chaque citoyen à son poste attend avec calme le signal du combat. Un peuple comme le peuple français, qui compte deux millions cinq cent mille hommes armés, peut avec

2

confiance garder une attitude ferme et attendre les événements.

Au point où nous en sommes, l'établissement des institutions politiques doit marcher à pas de géant ; mais elles doivent être bien pesées, bien méditées avant que d'être promulguées ; elles doivent être l'œuvre des méditations profondes d'hommes instruits, sages, prévoyants et habiles. Lorsqu'il s'agit d'asseoir la société sur des bases nouvelles, de lutter contre de nombreuses exigences, de satisfaire de justes réclamations des infortunes, de respecter les droits de tous les citoyens, il faut, chez ceux qui sont à la tête du gouvernement, un haut savoir, du courage, du génie, un grand esprit de justice ; et lors même qu'ils posséderaient toutes les vertus civiques, tout le savoir, toute la sagesse nécessaire pour l'entreprise de cette grande œuvre de régénération sociale, ils ne pourraient la consommer sans le concours des citoyens : c'est ce concours que tous les amis de leur pays, que tous les sincères républicains doivent s'empresser d'accorder sans arrière-pensées, sans autres sentiments d'intérêt particulier que celui de rendre la France grande, puissante et heureuse. De ce concours et du respect dû à la propriété, à la liberté individuelle des citoyens, doit naître la dignité et la stabilité de notre grande Révolution ; par une conduite franche et loyale, nous prouverons au monde entier que nous en avons compris les conséquences, que nous voulons les faire prévaloir par la sagesse, le calme et la modération.

La volonté calme et ferme des citoyens est une
puissance invincible : rien ne résiste à la volonté qui
naît d'une pensée droite et bienveillante ; c'est avec
de tels mobiles que l'on fait triompher les bonnes
causes ; ce qui les perd sans retour, c'est le désordre,
l'anarchie, le manque de respect aux lois, à la propriété et à la liberté des citoyens ; les troubles politiques prolongés conduisent les peuples par la route
de la misère vers leur décadence ou au despotisme ;
partout où le trouble règne, les industries souffrent,
le travail, la richesse du peuple cesse, parce qu'alors
il ne peut plus y avoir accord entre ceux qui travaillent et ceux qui font travailler ; cependant, c'est dans
l'accord de l'ouvrier avec le manufacturier, le fabricant que réside la source du bien-être de tous les
citoyens, celle de toute prospérité publique.

Pour que, dans l'intérêt de tous, cet accord, cette
heureuse harmonie règnent toujours entre le travailleur et celui qui fait travailler, il faut que l'ouvrier
comprenne qu'en travaillant peu et exigeant un trop
fort salaire il ruine le fabricant ; qu'en ruinant le fabricant il se ruine lui-même, car en matière de commerce celui qui perd ne peut faire fabriquer : la fabrication cessant, le travail cesse avec elle et la
misère commence pour tous ; d'un autre côté, si l'ouvrier travaille trop, si son travail est au-dessus de ses
forces, si son salaire n'est pas au niveau de ses besoins,
il souffrira, il jouira d'une mauvaise santé, et travail-
lera mal ; cependant mieux vaut dans l'intérêt du fabricant, dans l'intérêt du commerce en général, un mi-

nimum de travail bien exécuté, suffisamment rétribué, qu'un maximum qui le serait mal, parce qu'il aurait été fait trop précipitamment et mal payé : donc, pour que l'harmonie la plus parfaite règne entre l'ouvrier et le fabricant, celui-ci doit se contenter d'un bénéfice honnête, être bon et affable avec ceux qu'il fait travailler ; de son côté, l'ouvrier doit être laborieux, de bonne foi, consciencieux, honnête, cela dans son intérêt comme dans celui du fabricant, son patron.

Avec un salaire raisonnable, un travail modéré, mais consciencieux, sans interruption pendant la semaine, l'ouvrier arrivera facilement au bien-être, surtout s'il renonce à la saint lundi, cette prostituée qui ruine sa santé, sa bourse et le commerce ; s'il renonce à la vie de cabaret, de café, à ce luxe ruineux qui absorbe le montant de la semaine, avant de l'avoir gagné.

Que l'ouvrier se pénètre bien de cette vérité, que tous les états doivent être remplis dans le monde, qu'ils doivent l'être par des hommes spéciaux ; que toutes les professions sont honorables, lorsque ceux qui les remplissent sont d'honnêtes gens ; que l'honnête cordonnier qui fait de bons souliers, le boulanger qui fait du bon pain, que le tisseur qui fait de belles et bonnes étoffes, le cultivateur qui fait rendre à la terre d'abondants produits, est aussi utile, aussi estimable que le maréchal de France, que le préfet, que les administrateurs à tous les degrés ; que d'ailleurs ces emplois étant peu nombreux, ils ne peuvent être que le partage de quelques hommes instruits :

l'ouvrier appelé à les occuper serait fort mal à son aise et très peu apte à remplir les obligations et les devoirs qu'ils imposent. Que chacun de nous reste donc dans la position où l'ont placé ses facultés intellectuelles, la faisant valoir autant que possible dans son intérêt particulier comme dans celui de la chose publique. Dans toutes les positions, le patriote, le citoyen vertueux peut servir utilement ses intérêts et ceux de son pays.

L'ouvrier ne jouira du bien-être, d'une bonne santé, et ne sera heureux que lorsqu'il perdra le moins de temps possible, renonçant à toute espèce de débauche, menant une vie régulière, n'admettant d'autre luxe que celui d'une grande propreté sur lui et dans son logement, prenant d'ailleurs une nourriture bonne, saine et abondante : c'est la vie de famille qui convient à l'ouvrier ; laissons le luxe aux riches, voyons-le même chez eux avec plaisir, parce qu'il est un moyen d'alimenter le travail, de niveler la fortune publique. Le riche qui donne dans le luxe ou dans la spéculation n'est que le trésorier de l'artisan.

Depuis trente ans je cherche les moyens de rendre la classe utile des ouvriers plus heureuse. Dans les recherches nombreuses que j'ai faites à cet égard, je n'ai trouvé d'autre moyen pour résoudre ce problème important que l'instruction, le travail, l'ordre, l'économie et la bonne foi. Le rêve creux du communisme serait pour l'ouvrier comme pour tous les Français une déception et la plus grande de toutes les calamités ; outre la perturbation qu'il jetterait dans la société, où

il renverserait toutes les affections, tous les intérêts
de famille, détruisant toutes spéculations commerciales, et, par conséquent, tous nobles sentiments,
il serait encore impossible, sous ce régime, à chaque
membre de la grande famille, lors même qu'il tra-
vaillerait du matin jusqu'au soir, de se créer un revenu d'un franc par jour, tandis qu'avec l'ordre de
choses actuel, sous un bon et sage gouvernement
républicain, il n'est pas un ouvrier laborieux et rangé
qui ne puisse prétendre à un salaire d'au moins deux
francs par jour.

Le cri de ralliement des ouvriers doit donc être
celui-ci : instruction, travail, sagesse, ordre public,
égalité sociale, liberté pour tous, unité parfaite, rapports fraternels entre le travailleur et celui qui fait
travailler.

Si tels sont les devoirs des citoyens, voyons quels
sont ceux du Gouvernement.

Le peuple français a besoin d'une forte organisation sociale basée sur les intérêts matériels, l'instruction, le travail, l'ordre et l'économie. La morale, les
sentiments de patriotisme, l'amour de l'égalité, d'une
sage liberté doivent former l'esprit public ; c'est aux
membres du Gouvernement, aux représentants de la
nation qu'il appartient de faire naître ces nobles sentiments dans tous les esprits, de donner une bonne
direction à l'élan patriotique du jour ; qu'il appartient
de chercher les moyens de satisfaire les besoins du
peuple, de créer l'esprit public ; enfin d'organiser une
société présentant des garanties d'ordre et de stabilité.

Ce qui attache le plus les citoyens au sol de la patrie, aux institutions nationales, c'est le savoir, le bien-être et la considération ; le Gouvernement ne doit donc rien négliger pour donner l'instruction au peuple, lui fournir du travail, honorer toutes les professions, améliorer la moralité publique. L'homme laborieux, l'homme moral, possédant les grandes qualités du Républicain vertueux, jouira toujours de la considération générale, il remplira dignement et sans gêne les devoirs politiques que lui imposent les droits du citoyen, lesquels ne sont un bienfait que lorsque l'homme est à l'abri du besoin, et qu'il est investi de l'estime générale ; l'esprit public n'est réellement formé dans un État, une société n'est définitivement constituée, que lorsque l'immense majorité des citoyens est satisfaite de l'ordre de choses établi, que lorsque le bien-être règne partout ; jusque-là, il n'est point de sécurité, point de stabilité dans le Gouvernement.

Tel est, gouvernants et représentants de la nation, le résumé de ce que vous avez à faire ; votre tâche est difficile, mais elle ne sera pas au-dessus de vos forces, si vous savez persuader au peuple que le bien-être des masses ne peut s'improviser, mais qu'avec les intentions droites qui vous animent, qu'avec un peu de patience et une grande sagesse de sa part, vous résoudrez ce problème important dans l'intérêt de la société, et particulièrement dans celui des travailleurs.

A l'œuvre donc ; toute minute perdue est un temps

précieux qui ne se retrouve plus. Tout citoyen devant le tribut de ses lumières à cette grande œuvre
de régénération sociale et politique, daignez permettre, citoyens, que je fasse entendre ma faible
voix, que j'émette mon opinion sur ce que je crois y
avoir de mieux à faire pour constituer un bon Gouvernement républicain, lui donner de la stabilité, et
créer un robuste esprit public.

Que l'instruction primaire soit partout aux frais
de l'État, du département ou des communes; que
des mesures soient prises pour que tous les enfants
des citoyens reçoivent au moins ce degré d'instruction ; que l'instruction soit nationale et morale, c'est-
à-dire que l'on y développe les sentiments d'un sage
patriotisme, d'amour de tout ce qui est bien ; que
l'on fasse germer dans ces jeunes cœurs les sentiments du plus pur esprit public ; en un mot, qu'on
élève la jeunesse de manière à en faire de bons citoyens, de vertueux républicains. Que partout on
ouvre des cours d'adultes ; que des états soient donnés aux enfants des familles les plus pauvres. Multi-
plions les crèches, les salles d'asile ; qu'elles soient
des salles d'instruction et de morale ; favorisons l'é-
pargne, favorisons les associations de secours mutuels
par corps d'états avec rétribution mensuelle d'un fr.,
les riches contribuant comme honoraires, au prorata
de leur fortune, à grossir cette caisse d'épargne : on ne
saurait croire le bien qui peut résulter de ce genre
d'associations, combien elles rassurent l'ouvrier sur
l'avenir, combien elles le rendent moral, parce qu'il

faut être honnête homme pour y entrer et s'y maintenir. Ces secours n'ont rien qui puisse compromettre la dignité de l'homme, puisque c'est avec ses épargnes qu'il soulage ses besoins en cas de maladie et d'extrême misère. Favorisons également les associations de travail pour les entreprises de tout genre; ouvrons aux travailleurs tous les ateliers particuliers et publics, créons des ateliers de travail nouveaux, s'il n'en existe pas suffisamment dans l'État pour satisfaire aux besoins, le Gouvernement dût-il emprunter aux capitalistes pour satisfaire à cette nécessité du moment; exigeons de l'ouvrier qu'il travaille, que les transactions entre lui et son patron restent entièrement libres; étendons autant que nous le pourrons nos relations commerciales; améliorons notre agriculture, qui, à elle seule, peut en peu de temps doubler le revenu de la France et occuper tous les bras oisifs : c'est là ce qu'une longue expérience dans l'art de cultiver la terre m'a prouvé de la manière la plus convaincante. C'est en fouillant les entrailles de la terre que j'ai appris à l'apprécier à toute sa valeur; dans quelques mois je mettrai sous presse un ouvrage qui, je l'espère, rendra des services à la fortune privée et publique de mon pays; je dis qui rendra des services, parce que j'ai l'intime conviction que c'est avant tout des produits de la terre que doit sortir le bien-être des masses, la prospérité, la puissance de la France; que c'est sur le vaste champ de l'agriculture que doit s'étendre la plus grande sollicitude du gouvernement; que nulle branche de la richesse nationale n'est plus digne de fixer son attention, et plus capable de soulager les besoins du peuple.

Hommes d'État, représentants de la nation, vous tous, citoyens qui voulez sincèrement le bien du peuple, qui voulez élever la France au plus haut degré de perfection, de prospérité générale, ne perdez jamais de vue cette vérité principe, que les seules voies qui puissent conduire tous les citoyens français au bien être, sont l'exploitation de la terre et de l'eau, que sur ces deux éléments sont les sources de toute prospérité nationale, les seuls remèdes aux maux qui affligent actuellement la France; en conséquence ne reculez devant aucun sacrifice ayant pour but l'amélioration de notre agriculture, l'extension de notre commerce extérieur; l'agriculture doit alimenter le commerce maritime, le commerce extérieur doit favoriser l'agriculture; ce n'est que lorsque par une politique éclairée nous aurons donné un grand développement aux produits de ces deux industries, que nous aurons résolu le grand problème pour la solution duquel les esprits s'agitent depuis des siècles.

Pour qu'un État comme la France soit grand, maintienne et augmente sa puissance, il lui faut un bon gouvernement, une représentation nationale fortement constituée et sagement patriote; il lui faut une armée, une marine considérable bien organisée, qui puisse la défendre et assurer sa prospérité commerciale; il lui faut des voies de communication de

toute espèce, des canaux d'irrigation, des mesures
propres à faire prospérer l'agriculture, une bonne
instruction publique, des lois d'économie politique
qui assurent le bien-être des masses, une bonne administration, une diplomatie éclairée, une police et
un système de justice qui ne laissent rien à désirer.
Ce sont là autant d'éléments de prospérité qui doivent
fixer tout particulièrement l'attention, la sollicitude
du gouvernement républicain et de la représentation
nationale.

Pour réunir et employer utilement tous les éléments de prospérité publique dont nous venons de
faire mention et en réaliser les effets, il faut beaucoup d'argent. Un budget de 14 à 1500 millions
nous paraît avec raison énorme, et nous fait dire
qu'un gouvernement qui exige des sommes aussi
considérables n'est pas un gouvernement à bon
marché ; ici, comme toujours, nous nous prononçons
avec légèreté, sans examiner s'il est possible que la
France ait un gouvernement à bon marché, si un tel
gouvernement ne serait pas dix fois plus cher que
celui que nous blâmons.

Vouloir en France un gouvernement à bon marché, n'est-ce pas oublier notre situation topogra-
phique au centre de l'Europe, notre position sur les
mers ? Un peuple attaquable sur tous les points,
comptant plusieurs centaines de lieues de côtes,
ayant un commerce maritime considérable à défendre, l'Afrique à contenir, qui a pour rivale l'Angleterre, peut-il prétendre à un gouvernement à bon

marché? Sous un tel gouvernement n'aurait-il pas à redouter le sort de la malheureuse Pologne? Nous sommes braves, disons-nous ; les Polonais aussi étaient braves, mais ils manquaient d'argent, d'accord et d'harmonie. Que leur histoire, leurs malheurs et les événements de 1814 nous servent de leçons, et surtout n'oublions jamais que dans notre position un gouvernement à bon marché serait une grande calamité pour la France.

Ce n'est pas précisément un gouvernement à bon marché qu'il nous faut. Un peuple qui doit entretenir pour sa conservation et la protection de son commerce des armées de terre et de mer formidables, dont la dette publique est considérable, dont les dépenses intérieures et extérieures sont immenses, ne peut prétendre à un gouvernement à bon marché. Vouloir un gouvernement à bon marché en France serait manquer de prévoyance, de sagesse, de patriotisme ; ce serait oublier l'invasion, l'occupation étrangère de 1814-1815, tous les maux qu'elle nous a fait souffrir, toutes les humiliations qu'elle nous a fait endurer ; ce serait oublier les milliards d'argent, les pertes de territoire qu'elle nous a coûtés. Si, à cette époque de néfaste mémoire. la France n'avait pas craint de faire de nouveaux sacrifices ; si elle avait usé de tous ses moyens de défense, de toutes ses ressources ; si la représentation nationale. sous le feu de l'ennemi, avait su faire cause commune avec le chef de l'État, ce qui était alors une nécessité ; si d'infâmes citoyens n'eussent pas trahi leur pays, la

France aurait triomphé de ses ennemis, aujourd'hui elle serait grande et puissante, la paix serait glorieuse pour elle.

Un peuple ne doit jamais attendre que le canon de l'ennemi gronde pour traiter ses affaires particulières, ses débats entre citoyens ; mais toute discussion, toute dissension civile doit cesser dès que la patrie est en danger ; alors on ne doit plus reculer devant aucun sacrifice, tout sentiment d'opinion différente doit être mis de côté ; l'union de tous les citoyens, le courage, le patriotisme doivent seuls être mis à l'ordre du jour. Manquer à ces principes conservateurs de la puissance des nations, c'est méconnaître ses plus chers intérêts, c'est se montrer peu digne de la liberté, de l'égalité sociale, peu digne du titre de citoyen, dont le premier devoir est le patriostime.

La parcimonie, les petites économies, le manque d'harmonie, d'union, de dévouement, de patriotisme, sont des sentiments indignes d'un grand peuple ; ils sont toujours les signes de sa décadence.

Ce n'est donc pas un gouvernement à bon marché qu'il faut à la France. Comme nous l'avons déjà dit, il serait pour elle la plus grande de toutes les calamités. Ce qu'il faut à la France, c'est un gouvernement qui sache employer le plus utilement possible, dans l'intérêt de tous, son énorme budget.

Un lourd budget bien employé, lorsqu'il n'excède pas les forces du contribuable, est au contraire une source de prospérité, parce que, d'un côté, il force ceux qui sont chargés de le payer, à trouver l'impôt dans la plus-value de leur industrie ; de l'autre, il est l'argent qui sort de la poche du riche pour entrer dans celle du pauvre ; lorsque l'impôt n'est pas trop exagéré, il est un stimulant puissant et une source de travail. Dans l'un comme dans l'autre cas, il contribue à la prospérité particulière et publique du pays.

Le budget, employé à des travaux d'utilité, d'intérêt public, est un puissant moyen d'établir l'équilibre financier dans toutes les classes de la société. Le budget bien dépensé alimente le travail, le travail donne le bien-être aux masses et répartit la richesse publique entre tous les citoyens, ce qui constitue la prospérité nationale qui est tout entière dans le bien-être général du peuple. Par contre, un impôt trop fort ruinerait l'industriel, ruinerait le peuple, ruinerait l'État, car partout les excès sont nuisibles.

La représentation nationale doit donc moins rechercher les moyens de diminuer le budget que de veiller à son bon emploi, à sa juste répartition dans des proportions convenables : c'est du bon emploi du budget, de la bonne assiette de l'impôt que doit naître la prospérité publique de la France ; c'est là une vérité incontestable, dont les représentants de la nation ne sauraient trop se pénétrer.

Si nous voulons poser la République sur des bases solides, lui créer un avenir prospère, nous devons renoncer à toute discussion erronée, à de vains et inutiles discours, devenir plus positifs, nous occuper plus particulièrement des intérêts matériels du peuple ; car, nous ne cesserons de le dire, le bien-être seul permet de jouir de l'étendue des droits politiques; les masses ne sauraient être plus heureuses parce qu'elles sont appelées à élire un député, si ce député ne travaille de toutes ses forces à l'amélioration de leurs besoins matériels; c'est par des travaux d'économie politique bien raisonnés et bien conçus, c'est surtout en protégeant efficacement la science agricole, la mère nourricière des peuples, la source de toutes les industries, que la représentation nationale apportera de grands soulagements aux besoins actuels du peuple. L'amélioration de l'agriculture est le premier, le plus puissant besoin de la nation française; les années 1846-1847 sont là pour attester cette vérité, et pour prouver la justesse de nos assertions.

A la vue de ces années calamiteuses, toutes les âmes généreuses ont été vivement touchées des souffrances qu'a éprouvées le peuple, et chacun voudra à l'envi chercher le moyen d'en prévenir le retour; mais, en dehors des année des disette, heureusement fort rares dans notre beau et bon pays, le Gouvernement républicain, la représentation nationale comprendront que tout peuple qui, comme le peuple français, peut trouver des richesses inépuisables dans son sol, et qui ne le fait pas, renonce volontairement au degré de puissance qui lui est dévolu par la nature, lorsque rien n'est plus facile que d'en jouir amplement; ce qui manque à la propriété française pour arriver au plus haut degré de production, ce sont les capitaux.

Que ferons-nous pour porter remède à ce mal? Tournerons-nous toujours autour du cercle vicieux dans lequel nous sommes restés enfermés jusqu'à présent, ou nous élèverons-nous à la hauteur de l'importance du sujet ; continuerons-nous à donner des primes d'encouragement : mais les demi-mesures ne font que pallier le mal, ne le guérissent jamais ; les maux qui pèsent sur la production française sont trop grands pour céder à des anodins ; ce n'est pas avec de faibles encouragements jetés çà et là, trop souvent sans discernement et toujours sans profit, qu'on cicatrisera la plaie profonde qui afflige l'agriculture ; aux grands maux il faut appliquer les grands remèdes ; celui que nous allons proposer n'est pas trop onéreux pour le trésor public ; il forcerait le Gouvernement, tout en protégeant très - efficacement l'agriculture, à faire chaque année, sur son énorme budget, une économie de 30 millions.

Cette somme de 30 millions serait distribuée chaque année aux agriculteurs chez lesquels le besoin de fonds se ferait sentir, non à titre de don, mais seulement à titre de prêt, avec intérêt de 1 et demi pour 100 ; ce prêt serait fait et garanti sur hypothèque privilégiée sans frais, à la charge par le receveur de fonds d'établir sur le sol de son héritage telle ou telle amélioration qui lui serait préalablement indiquée, et dont la réalisation serait de rigueur.

Il suffira, pour procéder à la distribution de ces fonds, et veiller à leur bon emploi dans l'intérêt de l'agriculture, par conséquent dans l'intérêt particulier et général, de créer une administration simplement organisée et peu nombreuse, composée d'un

directeur général à Paris, de trois agents par département, un supérieur à 5,000 fr. d'appointements,
résidant au chef-lieu, deux employés inférieurs à
cheval, à 3 000 et 3,500 fr. d'appointements : l'employé supérieur aura le titre d'inspecteur, les deux
employés inférieurs celui de sous-inspecteurs ; ces
deux derniers auront pour arrondissement d'inspec-
tion la moitié du département ; l'un et l'autre habi-
teront la ville la plus peuplée de leur arrondissement
autre que le chef-lieu ; ces deux employés seront l'un
et l'autre constamment en tournée dans les différentes
localités de leur circonscription, pour y traiter des
conditions de prêt et veiller à la stricte exécution de
ces conditions ; enfin, pour vérifier l'état de toutes les
routes, même celles de grande voirie, dont la surveil-
lance sera dans leurs attributions ; encore, pour diriger le service des gardes-champêtres, et veiller à ce
que la police rurale soit bien exécutée par les agents
subalternes de la force publique.

Il sera de plus, dans chaque département, placé
auprès de l'inspecteur un secrétaire à 2,000 fr. d'appointements. Cet employé tiendra toutes les écritures
et sera chargé de remplacer momentanément le sous-
inspecteur manquant pour une cause quelconque ;
pendant cet intervalle, il aura, outre sa solde, la moitié
des appointements du sous-inspecteur en congé ;
mais il devra laisser auprès de l'inspecteur un
homme capable de le remplacer. Les secrétaires seront les surnuméraires naturels pour remplir les
places vacantes de sous-inspecteurs ; il pourra être

admis des sous-surnuméraires sans appointements.

Cette administration sera placée sous les ordres immédiats du directeur-général de l'agriculture, et surveillée dans chaque département par les préfets ou commissaires du Gouvernement. Les agents inférieurs seront encore surveillés par les sous-préfets, les maires, les sociétés et comices d'agriculture, qui tous pourront adresser des rapports aux préfets, toutes les fois que le service leur paraîtra en souffrance ; le préfet ou commissaire du Gouvernement correspondra directement avec le directeur-général, auquel il adressera tous les mois un rapport sur la conduite de chaque employé.

L'employé supérieur ou l'inspecteur du département dirigera les travaux de ses subordonnés ; ils ne pourront rien conclure sans les ordres du chef immédiat ; l'inspecteur correspondra directement avec le directeur-général pour tout ce qui aura rapport aux actes de son administration ; il fera chaque année deux tournées dans le département, l'une au printemps et l'autre en automne, pour s'assurer si le service est régulièrement et exactement fait par ses subordonnés, si toutes les conditions de prêt ont été bien remplies.

Les frais à faire pour l'établissement et le paiement de cette administration appelée à rendre les plus grands services à l'agriculture et au pays, si son personnel roule sur de bons choix, ne seront nullement onéreux pour l'État, puisque l'intérêt fourni par les emprunteurs couvrira toute la dépense qui ne s'élévera jamais au-dessus de 1,500,000 fr. chaque année. Les trente millions prêtés annuellement aux praticiens agricoles fourniront à chaque département de 3 à 400,000 francs qui seront divisés par coupons de 200 francs. Tout agriculteur qui voudra obtenir un coupon à titre de prêt sera tenu pendant toute sa durée, qui sera de dix années, d'entretenir en outre de ses besoins ordinaires un hectare d'excellentes prairies artificielles, et d'élever autant de jeunes chevaux ou bœufs, ou bien encore de bêtes ovines, que le produit de l'hectare pourra en nourrir pendant la durée de dix ans, ou de faire telle autre amélioration qui lui sera ordonnée, et qui toutes seront à son profit.

Ces améliorations se trouvant en dehors des produits actuels, on concevra facilement quelle en sera l'importance lorsqu'on les fera porter sur toutes les productions de la terre ; elles en augmenteront chaque année sensiblement la production, et en vingt années elles auront pour résultat de doubler le revenu de la France ; après ce laps de temps, l'agriculture pouvant se passer de ce secours, l'État n'aura plus de prêt à faire, et se trouvera nanti d'une économie en capital de 6 à 700 millions dont il pourrait se servir pour amortir d'autant sa dette ou pour parer aux éventualités de l'époque.

Cette haute mesure d'économie politique n'aura pas seulement pour effet l'amélioration de la propriété des emprunteurs, elle aura encore celui bien plus étendu et bien autrement important de fournir à l'agriculture sur tous les points du territoire français l'exemple des bonnes méthodes agricoles, qui se propageront rapidement de proche en proche, parce que toutes les fois qu'en parlant aux yeux on prouve à l'homme qu'il peut mieux faire dans son intérêt, qu'on lui indique les moyens d'augmenter son bien-être, il s'empresse d'adopter ces moyens et de les mettre en pratique : or nul doute que si l'emprunteur augmente sensiblement le revenu du sol de son héritage par le fait d'une bonne culture, nul doute, disons-nous, que son voisin cherchera à augmenter le revenu du sien, en suivant les mêmes méthodes culturales ; il suffira donc pour rendre la mesure aussi efficace que possible, de prêter à quelques propriétaires et fermiers peu aisés, dans chaque localité; les secours du Gouvernement ne doivent être mis qu'entre les mains de ceux qui seront bien dans le cas de les faire valoir, que dans celles de propriétaires et fermiers peu aisés, mais économes et laborieux ; nul ne pourra prétendre à ces secours sans avoir préalablement prouvé sa pénurie de fonds, sans offrir des garanties d'ordre et d'économie, sans montrer du savoir-faire, une grande aptitude au travail.

Cette première obligation accomplie par le Gouvernement, il lui en restera une autre non moins importante à remplir ; après avoir satisfait aux nécessités impérieuses des finances, pour développer d'avantageux résultats dans les différentes industries, il devra apporter tous ses soins à mettre en honneur le

travail de l'ouvrier, chercher à rendre toutes les professions honorables. C'est par la considération accor-
dée par le Gouvernement au travail et à celui qui
l'exécute, qu'il imprimera un nouvel essor à toutes
les industries et particulièrement à celle de l'agriculture.

Le Gouvernement républicain ne peut ignorer que
les émigrations et fausses spéculations des habitants
des campagnes qui viennent partager et augmenter
la misère des populations manufacturières des villes,
ne viennent de l'état de gêne, et de la déconsidéra-
tion qui pèse sur l'agriculture; que sans les généreux
efforts de quelques citoyens, assez sages pour se
mettre au-dessus des préjugés, l'art de cultiver la
terre resterait écrasé sous le poids d'une paralysie
aussi dégradante que calamiteuse.

Un gouvernement sage doit, par tous les moyens
qui sont en son pouvoir, se hâter de mettre un terme
à cet état de gêne, à ces tendances anti-sociales qui
auraient l'inconvénient grave de jeter tôt ou tard la
perturbation dans la société, ce que tout gouvernement national, tout gouvernement qui veut se soutenir, doit éviter à tout prix.

Le Gouvernement républicain ne comprendra bien
toute l'importance des mesures d'économie politique
que nous lui proposons, que lorsqu'il aura mûrement
réfléchi sur cette vérité politique, que tout état qui
compte plus d'ouvriers, fabricants, manufacturiers
qu'il n'a de matières premières à faire fabriquer,
et qui fabrique plus de marchandises qu'il ne peut

en écouler, qui, en un mot, peut reprocher à ses ouvriers de trop travailler, est un état précaire, ne pouvant compter ni sur l'ordre public ni sur la durée de son existence ; en protégeant l'agriculture, le Gouvernement républicain se crée une source de travail et de richesse inépuisable, plus encore sur le sol privilégié de la France que partout ailleurs. Sous ce beau climat, toutes les ressources de la production sont encore bien loin d'être connues ; on peut dire, sans crainte de se tromper, qu'elles peuvent encore doubler et peut-être même tripler ; aussi est-ce là que réside le bien-être à venir des masses ; en vain on le chercherait ailleurs.

C'est en dirigeant les forces physiques dont peut se passer l'industrie manufacturière vers les produits de la terre que le Gouvernement républicain parviendra à faire du peuple français un peuple riche, puissant et moral. Rien ne contribue plus à adoucir les mœurs, à polir la société, que l'instruction et le bien-être général ; la misère au contraire est la source de toutes les imperfections et de tous les vices ; le travail qui donne le bien-être peut seul faire apprécier les nobles sentiments d'égalité et de liberté, lui seul constitue la fortune particulière et publique des peuples.

La nation la plus riche n'est pas celle qui possède le plus de produits fabriqués, mais bien celle qui produit le plus de matières premières ; plus le temps marchera, plus cette vérité se fera sentir, vu que l'industrie manufacturière fait de tels progrès chez tous les peuples, que déjà les marchés se font rares ; c'est donc au sein de la terre que la France doit chercher le bien-être de ses habitants, et les richesses nationales, celles qui viennent des produits du sol, sont les seules solides et durables.

Instruire les cultivateurs, honorer l'agriculture, sont, après les finances, les plus puissants mobiles pour la rendre florissante. L'agronome, naturellement honnête homme ne jouit amplement du bien-être au sein de l'abondance, que lorsqu'il est assuré de la considération publique. Rien ne commande plus l'estime que les récompenses méritées qui nous viennent du gouvernement. Les rayons qui nous échauffent le mieux sont ceux qui nous arrivent directement du soleil.

Les décorations sur le champ de bataille excitent le courage du soldat ; pourquoi ne seraient-elles pas employées à exciter le zèle de nos travailleurs, manufacturiers et cultivateurs. L'industrie commerciale, l'agriculture, seraient-elles moins utiles que la guerre? Lorsqu'un honnête ouvrier, un honnête cultivateur se sera distingué par des travaux d'amélioration agricole et autres utiles à son pays, par ses vertus civiques et sociales, pourquoi l'étoile de l'honneur ne brillerait-elle pas sur sa poitrine comme sur celle du brave soldat? Ne sommes-nous pas tous des Français républicains? Si l'on n'avait jamais décoré que les généraux, les officiers, nous compterions peut-être moins de braves dans les rangs de notre armée. Faites dans la société civile ce que vous faites dans les camps, et dans quelques années vous saurez si nous sommes bien inspirés.

L'impôt ne doit jamais excéder les forces du con-tribuable ; mais le diminuer outre mesure serait une faute politique plus grande encore : ce serait méconn-aître les véritables intérêts du peuple, surtout si la diminution de l'impôt doit peser sur des dépenses nécessaires à la sûreté, à la prospérité et à la puissance nationale. Comme nous l'avons déjà dit, l'impôt qui ne froisse pas trop l'intérêt particulier est un grand bien, parcequ'il favorise toujours l'intérêt général, qui n'est au reste que la masse des intérêts particuliers.

En bonne administration gouvernementale, on doit donc moins chercher à diminuer l'impôt qu'à en faire un bon emploi ; favorisant les différentes industries, particulièrement l'industrie agricole, la base fondamentale de toutes les autres, par son agriculture seule la France peut doubler sa richesse privée et publique ; mais, pour arriver à ce résultat important, elle a besoin d'être dirigée par des hommes qui comprennent bien cette haute question d'économie politique, et qui la traitent bien autrement qu'elle ne l'a été jusqu'à present. C'est là une haute considération politique qui doit tout particulièrement fixer l'attention de tous les citoyens électeurs dans le choix qu'ils feront de leurs mandataires à la représentation nationale.

Si les améliorations agricoles ont marché et marchent encore à pas de tortue, c'est que les hommes spéciaux manquent ou sont bien rares ; les agronomes à haute portée, à grande capacité sont en bien petit nombre. La science peut aider l'agriculture, mais il faut une longue expérience pratique, du génie pour la faire fleurir.

Jusqu'à présent nos hommes d'État ont été obligés de dépenser leur temps à répondre à des exigences politiques ; mais aujourd'hui que nous jouissons de tous les droits du citoyen, nos gouvernants, nos représentants doivent s'occuper presque exclusivement des hautes questions d'amélioration matérielle, de toutes celles qui peuvent donner le bien-être au peuple.

Mais, dira-t-on, comment donner le bien-être aux masses, lorsque toutes les richesses matérielles de la France ne pourraient suffire à la solution de ce problème ? Il est très-vrai que par le partage égal de toutes les richesses matérielles de la France, chaque citoyen n'ayant droit qu'à un hectare et demi de terre, il ne pourrait, en travaillant cette terre depuis le matin jusqu'au soir, arriver à un revenu en nature de 365 francs ; que ce régime. loin de favoriser le pauvre et l'ouvrier, le rendrait bien plus pauvre encore, et ferait une population entière de malheureux. Encore, sur ce grand nombre de propriétaires. plus de la moitié n'étant pas accoutumés aux travaux de la terre, plus de la moitié mourraient de faim ; car, dans le partage égal, il ne serait plus de spéculations possibles , chacun n'ayant plus intérêt à amasser ; toutes les relations sociales, tous les grands, les gé-

néreux sentiments seraient détruits : chacun pour soi
serait le mobile qui dirigerait la nation entière, pendant que, sous le régime de la liberté, de la concorde,
d'une fraternelle égalité, de l'instruction, du travail,
de l'ordre, de l'économie, de la bonne foi, principes
conservateurs des institutions sociales ; sous ce régime, disons-nous, toutes les industries allant toujours croissant en prospérité, et fournissant chaque
jour de nouvelles richesses au pays, chaque membre de
la grande famille française peut prétendre à un salaire
journalier de 2 à 5 fr., selon la profession ; c'est-à-
dire que, sous ce régime, l'ouvrier travaillant moins, à
des travaux moins pénibles, est assuré d'un salaire
au moins la moitié plus élevé que sous le régime de
l'égalité parfaite des fortunes. Ce n'est point ici un
conte inventé pour tromper le peuple, c'est une
grande vérité : d'ailleurs, le peuple est assez éclairé,
qu'il fasse lui même son calcul. Quarante-huit millions d'hectares de terres cultivables, à diviser entre
trente cinq millions de citoyens.

En France, la plupart des industries, et particulièrement celle de l'agriculture, ne sont qu'ébauchées ;
sur ce point, nous sommes bien arriérés de nos voi-
sins d'outre-mer. La Grande-Bretagne jouit actuellement de tous les avantages dont un peuple peut phy-
siquement jouir, pendant que la France n'est encore
qu'au milieu de sa carrière ; c'est là une belle position
dont il faut que nous sachions profiter ; aucun peuple
n'est plus que nous dans le cas d'en tirer parti ; ce
n'est pas le savoir qui nous manque : ce qui nous

manque, est un peu de savoir-faire; joignons donc la science de l'action au savoir intellectuel, et nous marcherons à grands pas vers les améliorations qui constituent la richesse et la puissance des peuples; jusqu'à présent, dans tout ce que nous avons entrepris, nous avons non-seulement manqué de savoir-faire, mais encore nous avons manqué de prévoyance et fait de faux calculs; aussi nos travaux, nos efforts, sont-ils restés sans résultats.

Chez nous les idées se succèdent avec une telle rapidité, que nous nous donnons rarement le temps de réfléchir, de juger si ce que nous entreprenons sera bon, utile et solide; nos idées sont un vrai dédale, et nos actions se ressentent malheureusement trop de nos pensées irréfléchies; sautant à pieds joints sur les grandes œuvres d'économie politique, nous ne faisons rien de grand, rien de marquant; cependant, nous avons les meilleures intentions; admirables dans les combats, rarement nous savons profiter de la victoire, pour servir nos intérêts matériels et politiques, tandis que l'Angleterre ne fait la guerre que pour favoriser son commerce et maintenir ses institutions politiques.

Nous sommes un grand peuple, disons-nous, parce que nous savons vaincre; mais nous serions bien plus grands encore si nous savions compter; si, aujourd'hui que nous jouissons des douceurs de la paix et de la liberté la plus entière, nous savions nous constituer solidement sous le Gouvernement républicain; si nous savions établir notre puissance avant tout sur les richesses solides qui viennent du sol ; tout peuple libre qui trouve le bien-être au sein de la terre sera toujours un peuple fort et puissant que l'on vaincra difficilement, et que l'on ne soumettra jamais. Tout peuple dont la puissance est uniquement établie sur l'industrie commerciale, ne présentera jamais qu'une force éphémère que le moindre événement peut renverser.

Un Gouvernement ne doit jamais oublier que, chez tout peuple placé sur un bon sol, l'industrie commerciale doit être dépendante de l'industrie agricole ; le commerce est un avantage que les peuples doivent partager entre eux, tandis qu'un peuple qui jouit d'un bon sol, profite seul de ses richesses. De leur côté, les citoyens ne doivent pas oublier que l'État représente la masse des intérêts particuliers ; que, gêner l'État dans sa marche, que refuser l'impôt, que refuser de concourir au bien avec lui, c'est porter atteinte à la fortune particulière de chaque membre de la grande famille nationale ; c'est là ce qui arrive lorsqu'un peuple est en révolution ; les rouages du mécanisme gouvernemental étant dérangés, tout est en souffrance, la fortune particulière, comme la prospérité publique, qui ne sont au reste qu'une seule et même chose, car c'est la prospérité particulière qui fait celle de l'État et réciproquement : donc, défendre les intérêts de l'État, c'est défendre ses intérêts propres, c'est défendre ceux de tous les citoyens ; de même que défendre le sol de la patrie, c'est défendre le toit domestique, la famille, la liberté individuelle ;

c'est remplir le plus sacré de tous les devoirs, c'est céder aux plus nobles, aux plus beaux sentiments qui puissent honorer l'homme ; c'est, en un mot, protéger tous les intérêts en défendant les siens.

Travaillons donc sans relâche et sagesse à constituer le nouvel ordre de choses ; régularisons le Gouvernement républicain, point de mauvais vouloir, point d'exigences erfonées, rien que du désintéressement ; vouloir posséder trop tôt, c'est souvent s'exposer à ne posséder jamais ; vouloir posséder autrement que par la voie de la droiture et de l'honneur, c'est perdre le crédit particulier et public ; c'est perdre la confiance, c'est détruire toutes les relations commerciales, c'est porter la plus dangereuse atteinte à la considération dont doivent jouir tous les citoyens d'un peuple libre, c'est tout perdre en un mot, même l'honneur, le plus précieux de tous les biens.

Aussi longtemps que les peuples anciens préférèrent l'amour de la patrie, de la liberté, le travail, les exercices du corps aux richesses, aux molles jouissances de la vie, ils furent grands et puissants, ils conservèrent cette force virile si féconde en granches choses ; mais dès que la soif de l'or, le luxe et tous les vices qu'ils engendrent eurent remplacé chez eux les nobles sentiments qui naissent d'une vie austère, laborieuse, de l'amour de la patrie et de la liberté, de tout ce qui est bien, grand et généreux, ils courbèrent la tête sous le joug des peuples qu'ils avaient vaincus et ruinés ; dès-lors leur puissance s'éclipsa devant l'énergie de ces peuples neufs, qui ne trouvèrent plus chez leurs vainqueurs que des vices à combattre. Profitons donc des leçons de l'histoire, évitons les passions extrêmes, les vices, le luxe qui perdirent nos devanciers dans le monde.

L'incrédulité religieuse, le manque de patriotisme, de bonne foi, de morale, de mœurs, le trop grand amour des richesses, la légèreté, l'égoïsme, la parcimonie, la prodigalité, l'imprévoyance, les passions politiques et autres passions exagérées, sont autant de vices qui conduisent promptement les peuples vers l'abime. Hors de la morale publique, de l'observance des vertus sociales et civiques, il n'est pas de république possible ; la seule et unique base sur laquelle puisse s'établir la démocratie, est l'amour des citoyens pour tout ce qui est bien, et leur aversion pour tout ce qui est mal ; plus la liberté est grande, plus les abus de cette liberté sont à redouter, plus les moyens de répression sont dans l'intérêt des masses ; ce sont les abus qui tuent la liberté et l'égalité fraternelle ; tout citoyen lésé n'est plus le frère de celui qui l'opprime. Représentants de la nation, gardez vous de faire des lois cruelles, des lois de sang ; le plus beau fleuron de la couronne civique des citoyens qui forment le Gouvernement provisoire, est l'abolition de la peine de mort en matière politique ; mais faites des lois morales, des lois répressives dont les effets seront d'autant plus efficaces à arrêter le mal, qu'elles seront d'une plus exacte et facile application ; que les lois sévères soient réservées pour les voleurs et les assassins, pour ces hommes infâmes, indignes de vivre dans une société fraternellement constituée.

Peuple Français, c'est la vérité que je t'ai promise, je te la dirai tout entière; je n'ai point appelé la République de mes vœux ; mais aujourd'hui qu'elle est proclamée, acceptée, je reste convaincu qu'il n'y a plus en France de gouvernement monarchique possible, que tout gouvernement de ce genre qui succéderait à la République ne pourrait s'établir que par la force, et se maintenir que par la tyrannie; je suis également convaincu que des passions politiques trop exagérées, que des exigences au-dessus de celles que comporte un sage et bon ordre social, que la discorde, que le manque d'union dans la camp du républicanisme, que le manque à l'égalité fraternelle, que la liberté mal comprise, que les excès de tous genres, sont des armes dont ne manqueraient pas de se servir les ennemis de la République pour la renverser et lui substituer un gouvernement despotique, qui, au détriment de l'honneur national, s'établirait, se maintiendrait par la force, par le despotisme, despotisme que les maux de l'anarchie, les pires de tous les maux parce qu'ils frappent tous les citoyens sans exception, nous forceraient à supporter avec résignation.

Français, nous sommes maîtres de notre cause, de la plus belle comme de la plus sainte de toutes les causes; gardons-nous de la compromettre par un manque de sagesse, par des excès qui paralyseraient tous les avantages de la victoire que vient de remporter la classe héroïque des ouvriers de Paris.

Travailleurs, frères et amis, nous la compromettrions encore cette belle cause, en demandant et exigeant plus que ne peut accorder un bon ordre social sous le gouvernement républicain, où chacun doit jouir au même titre de la liberté; de telles exigences détruiraient l'égalité fraternelle et les hautes destinées d'un grand peuple; elles donneraient gain de cause à nos ennemis, qui bien certainement ne manqueraient pas de profiter de nos dissenssions pour s'élever sur les ruines de la République.

Restons donc unis et calmes devant notre sublime Révolution ; que chacun de nous travaille avec zèle, dévouement et modération, à l'établissement d'un sage et paternel gouvernement démocratique ; que chacun de nous fasse momentanément abnégation de ses intérêts particuliers pour ne songer qu'à l'intérêt général, puisque c'est de l'intérêt général que doit naître la prospérité de tous les intérêts particuliers ; enfin par notre haute sagesse, forçons le monde entier qui nous considère à s'écrier : « Qu'il est magnanime, « qu'il est grand, ce peuple français ! qu'il est sublime « dans toutes ses actions ! »

DEUXIÈME PARTIE.

Les idées marchant avec les événements, tout bon
citoyen doit à son pays celles qu'il croit devoir lui
être utiles ; c'est là un devoir auquel je ne ferai
jamais défaut, bien que je sois un républicain du lendemain... Y pensez-vous, républicains de la veille?
vous êtes-vous comptés? avez-vous compté ceux du
lendemain? Si vous eussiez commencé par là, vous
auriez vu que vous ne pouvez rien pour la cause de
la République, la cause nationale, sans le concours,
sans l'alliance franche et loyale des républicains du
lendemain; rien, sans la fraternelle égalité, sans la
liberté, que vous avez sagement proclamée pour
tous; vous auriez vu que cette liberté, qui doit être
désormais une vérité, cesserait de l'être si l'on créait
une classe de républicains privilégiés.

Vous avez renversé la monarchie parce qu'elle était
trop exclusive; et à peine jouissons-nous depuis quelques jours de la liberté, que l'on parle de créer des
privilèges en faveur d'une partie de la grande famille

4

républicaine, et d'exclure des avantages d'un gouvernement libre la majeure partie des citoyens; n'est-ce pas là un contre - sens, un acte inconsidéré, inexplicable? Lorsque les trois quarts et demi des Français, sentent la nécessité de renoncer pour toujours au gouvernement monarchique, dont le moindre inconvénient serait les dissensions civiles, lorsque presque tous les citoyens sentent le besoin de s'unir pour former une république d'ordre et de liberté, où peuvent conduire les réticences politiques.

Avec de telles dispositions chez la plus généreuse de toutes les nations, pourquoi frapper d'ostracisme l'immense majorité de la population? pourquoi en appeler exclusivement aux républicains de la veille? pourquoi ne pas en appeler à tous les hommes de cœur, à tous les hommes qui, par leur haut savoir, par leurs intentions droites, leur amour de la patrie, de l'humanité, peuvent donner à la France des institutions républicaines d'ordre et de liberté, capables d'assurer le bien-être des classes laborieuses, de faire le bonheur de tous?

La défiance est un mauvais conseiller, lorsqu'on s'y abandonne sans réserve; il existe sans doute en France des hommes intéressés, ambitieux, qui regrettent le passé, qui convoitent le présent, parce que ce passé servait leurs intérêts, que le présent favorise leurs désirs ambitieux; mais le grand nombre des citoyens que vous appelez les républicains du lendemain, ennemis de tout privilège, ne tenaient au passé que parce que ce passé leur présentait des chances de sécurité; ces citoyens nombreux se réuniront franchement à vous si vous leur octroyez un gouvernement républicain d'ordre et de liberté, dont la stabilité aura pour garantie la confiance que doit inspirer votre haute sagesse. Ces citoyens accepteront avec reconnaissance les avantages, les douceurs d'une sage liberté: mais ils resteront toujours les ennemis du mal, parce que les hommes vertueux ne transigent jamais avec leur conscience et leur devoirs; abstenons-nous donc de suivre une fausse route qui diviserait les citoyens, qui conduirait la France vers l'abîme.

Oublions le passé pour ne plus songer qu'au bien de l'avenir; loin de jeter la défiance dans les esprits, faisons renaître la confiance partout; cette confiance renaîtra, si nous en appelons à toutes les capacités, à toutes les vertus républicaines, car en elles est tout l'avenir de la République française; exigeons des hommes que nous voulons investir de notre confiance et du pouvoir, cette profession de foi : « Pas de régence, plus de monarchie; la République avec respect aux droits de chacun; le bien-être des masses par l'instruction, le travail, l'économie, et tous les avantages qui peuvent leur être faits sans nuire à la chose publique, sans troubler l'ordre social; honneur à toutes les professions, ordre public, fraternelle égalité, et liberté pour tous. »

C'est avec de tels sentiments dans le personnel de nos gouvernants et de nos représentants, que nous établirons avec assez de solidité les principes du droit national et ceux du droit individuel, pour que ces droits ne puissent plus être mis en question par personne ; que nous donnerons au monde entier l'exemple d'un grand peuple, vivant en paix et heureux, sous l'empire d'une sage démocratie.

Si, au contraire, la représentation nationale manque de savoir, de sagesse, d'énergie, de modération, la confiance, déjà bien ébranlée, se perdra entièrement, le désordre sera partout, la liberté nulle part, les souffrances du peuple augmenteront chaque jour, la gêne sera générale, la misère sera à son comble. Cet état de crise, de souffrance générale devenant insupportable à tous, chacun voudra en sortir à tout prix ; c'est alors que la royauté reparaîtra avec toutes ses chances de succès, et le cortége du despotisme le plus absolu.

En présence de tels avantages et de tels dangers, balancerions-nous dans la conduite que nous avons à tenir ; oublierions-nous que dans les circonstances graves dans lesquelles nous nous trouvons, la sagesse du peuple peut seule sauver le pays, asseoir la République sur des bases solides, donner de la force aux institutions républicaines, donner le bien-être à la classe laborieuse, assurer l'égalité fraternelle, la liberté à tous, créer enfin un heureux avenir à la République? Or, quand on peut jouir de tous les biens par la sagesse, on serait bien coupable de donner, par une conduite inconsidérée, carrière à toutes les souffrances, à tous les maux qui, accablant la population entière, ne pourraient trouver remède que sous la verge de fer du despotisme. Français, nous sommes libres; sachons, par la concorde, une fraternelle égalité, organiser, conserver cette ère de liberté, laquelle, si nous sommes sages, sera pour nous une ère de bonheur et de prospérité nationale.

Mais, dira t-on, comment rétablir la confiance, comment faire cesser la panique qui tient la société dans la crainte? Comment amener cette ère de prospérité, de bonheur que vous promettez à la République française? Nous répondrons : Rien ne sera plus facile; dès que chacun le voudra, dès que chacun, pour faire cesser la crise actuelle, se laissera diriger par les sentiments d'une volonté ferme et calme, dès que le Gouvernement, par des actes de haute et sage politique, aidera de tout son pouvoir cette réaction vers le bien.

L'impôt extraordinaire, les comptoirs d'escompte qui viennent d'être décrétés par le Gouvernement provisoire, permettent aux fabricants, aux chefs d'atelier, de mettre leur industrie, leur fabrication en activité; qu'ils se hâtent de le faire; que les ouvriers reprennent tranquillement leurs travaux; que la rue soit abandonnée, que les ateliers se peuplent; que partout régnent la tranquillité et l'ordre, que l'ouvrier cherche momentanément le bien-être dans le travail, l'ordre et l'économie; que ces nobles sentiments prennent la place de l'agitation, de la misère; que dans cette position l'ouvrier attende avec calme et patience les améliorations que la Révolution de

Février doit apporter à sa position de travailleur ;
qu'il n'exige rien de plus du chef d'atelier que ce que
celui-ci peut lui accorder en bonne justice dans le
sens de l'équité la plus parfaite ; que l'accord le plus
fraternel s'établisse dans l'intérêt des deux parties,
entre celui qui travaille et celui qui fait travailler ;
que les uns et les autres soient raisonnables dans la
fixation du prix du travail ; que l'ouvrier travaille
consciencieusement, que le chef d'atelier se contente
d'un gain raisonnable : ce sont là de sûrs moyens de
rétablir la confiance et de faire prospérer le commerce ;
mais que l'ouvrier se garde bien de vouloir s'initier
dans les affaires du chef d'atelier sans sa volonté ; par
cette conduite imprudente, il ruinerait l'industrie, le
commerce, les sources du travail ; il se ruinerait lui-
même, il ruinerait la société entière. Le travail est
bien réellement le principe de la richesse publique,
comme celui de la richesse particulière ; il est même
le mobile mettant tout en mouvement ; car, sans lui,
tout est stérile, tout est désolation, tout est misère ;
mais le travail ne peut avoir un libre cours et présen-
ter tous les avantages de prospérité publique et particulière, qu'à la condition de ne gêner en rien la
spéculation industrielle, qui veut être entièrement
libre pour prospérer, et pour que, par elle, le travail
abonde.

Dès que tous les citoyens auront bien compris ces
vérités conservatrices de tout ordre social, dès que
chacun aura repris la place marquée pour lui par ses
facultés intellectuelles, dès que l'ordre régnera par-

tout, la confiance, le crédit renaîtront ; l'industrie, le commerce fleuriront ; le travail abondera , et la République s'établira à la satisfaction de tous sur des bases solides ; alors seulement , nous jouirons de l'ordre, de l'égalité, de la fraternité et de la liberté proclamée par la Révolution de Février. Alors, seulement, la classe des travailleurs, toutes les classes de la société jouiront des douceurs du bien-être.

Membres du Gouvernement républicain, représentants de la nation, votre tâche est difficile ; mais vos intentions droites, votre génie triompheront de toutes les difficultés ; le peuple est sage dans ses manifestations : sachez faire servir les principes d'ordre dont il est animé , à l'affermissement de l'ordre social, à l'établissement d'un ordre de choses utile aux intérêts de tous les citoyens ; c'est dans la question des travailleurs que gisent les plus grandes difficultés : cette classe si utile mérite toute notre attention, toute notre sollicitude ; mais il faut lui faire comprendre que le bien a des bornes ; qu'en voulant les dépasser, elle s'exposerait aux plus grands maux ; que l'ordre et l'application au travail peuvent seuls ramener une plus juste équité dans les salaires et l'aisance dans toutes les familles ; que, sans le travail, il n'est pas de production possible, que la production par le travail est la seule chose qui puisse donner le bien-être aux masses, parce que dans le travail est l'unique richesse des peuples.

Adoptons des idées nouvelles, mais que les institutions qui doivent en sortir portent l'empreinte du sceau de la justice, qu'elles respirent cet esprit de modération, de bon vouloir, cet esprit de paix et de concorde qui font triompher les bonnes causes, qui feront toujours d'un peuple généreux comme le peuple français un peuple de frères.

Le peuple honore la sincérité et le courage; il méprise la duplicité, la faiblesse; il écoute avec respect et confiance celui qui, avec une grande force d'âme et de caractère, lui fait entendre la voix de la justice et de la vérité. Ne lui parlez donc que le langage de la raison, il vous écoutera, il vous comprendra, il vous donnera les preuves du meilleur vouloir.

Les travailleurs raisonnent; il n'en est pas un qui ne comprenne que son bien-être est attaché à la prospérité de toutes les industries, à celle du commerce; que l'industrie, le commerce ne peuvent prospérer que sous le règne de l'ordre et de la tranquillité la plus parfaite, que par l'entendement cordial de l'ouvrier avec le chef d'atelier; or, concilier les intérêts de ces deux classes de travailleurs également utiles, est la question du jour la plus importante à résoudre, celle qui occupe tous les esprits sérieux; chacun est intimement convaincu que toute mesure qui tendrait à favoriser l'ouvrier au détriment du chef d'atelier les ruinerait tous les deux, portant le coup mortel à l'industrie commerciale, à l'agriculture et à la fortune générale de la France; si dans l'arbre la sève est toute portée vers les extrémités, que le tronc meure, que deviendront les branches?

Ce n'est donc pas à cette porte qu'il faut frapper

pour rétablir la confiance ; il faut organiser le travail, occuper tous les bras ; le Gouvernement provisoire l'a compris lorsqu'il a décrété un impôt extraordinaire pour ouvrir à l'industrie, au commerce, des comptoirs d'escompte qui permissent de mettre en activité les ateliers de travail ; il a compris que c'était du travail qu'il fallait aux masses pour satisfaire les besoins pressants du moment ; c'est aux travailleurs qu'il appartient maintenant de faire fructifier dans leur intérêt, par un travail assidu et consciencieux, cette mesure qui impose de grands sacrifices à la propriété, après la mauvaise année de 1847 L'agriculture est d'un tel poids dans la balance de la richesse nationale, que la ruiner, c'est ruiner la France ; c'est là ce qu'il ne faut jamais perdre de vue.

L'ouvrier doit se pénétrer de cette grande vérité, que travailler consciencieusement pour son patron, c'est travailler pour lui ; si les affaires du patron prospèrent, le travail de l'ouvrier est assuré, et il est en droit d'exiger un plus fort salaire ; de son côté, que le patron n'oublie jamais que le bon ouvrier doit recevoir un salaire proportionné à son travail, à ses besoins ; enfin la solidarité du patron et de l'ouvrier est telle que la prospérité de l'un doit faire celle de l'autre ; le commerce, l'industrie ne peuvent être florissants que lorsque toutes transactions entre eux sont établies sur l'équité, la justice et l'accord le plus parfait.

La crise actuelle est moins dans le désordre des finances que dans celui des idées. Revenons à des

idées plus conformes aux intérêts bien entendus de
la France, et avec elles la confiance renaîtra, la prospérité, la stabilité de la République s'établiront sur
des bases solides ; car enfin qu'avons-nous de moins
qu'il y a trois mois ? un homme ; mais nous avons
une organisation nouvelle à créer, qui a besoin d'être
établie, pour se consolider, sur des principes de
haute sagesse et de modération. L'égalité fraternelle,
une liberté d'ordre sont absolument nécessaires pour
donner de la stabilité aux nouvelles institutions républicaines, pour former un faisceau indissoluble de
l'immense majorité des Français et faire disparaître
les dissidences. Sous un tel ordre de choses, les républicains du lendemain seront aussi sincèrement
républicains que ceux de la veille ; car ces derniers
aiment la liberté et tiennent aux principes sociaux,
nullement à un homme ; pour eux, l'ordre social, la
prospérité, la gloire du pays sont les biens suprêmes :
tous ont horreur du despotisme, de la tyrannie ; mais
ils savent que la plus cruelle de toutes les tyrannies
est celle de l'intimidation et de la force, que partout
où règnent ces sentiments anti-sociaux, il n'est plus
d'égalité, plus de fraternité, plus de liberté ; ici, c'est
une partie des citoyens qui opprime l'autre.

Ce que l'immense majorité des Français désire aujourd'hui, c'est de vivre sous l'autorité d'une république sage, qui sache ramener la confiance, le calme
dans les esprits, le travail dans les ateliers, le bien-
être dans toutes les classes de la société, qui sache, en
un mot, faire de la France républicaine une puissance

prospère, grande et heureuse, sous le régime de l'ordre, de l'égalité, de la fraternité et de la liberté pour tous.

Une large voie conduit à cet heureux état de choses; c'est celle de l'instruction, du travail, de l'économie, de l'ordre et de la bonne foi. Tout citoyen qui apportera dans l'exercice de ses fonctions ces vertus sociales, qui aimera son pays, sa profession, qui en fera sortir son bien-être et celui de sa famille, se rendra recommandable aux yeux de la société, digne de la considération publique, digne du titre de citoyen libre.

Ce sont des citoyens instruits, laborieux et vertueux, qui doivent peupler une république; dans une république, l'honneur doit être le mobile de toutes les actions, l'esprit public doit avoir pour élément l'amour de la patrie, de la liberté, le dévoûment le plus entier au triomphe de la prospérité et de la puissance nationale; l'intérêt personnel doit être banni : rien pour soi, tout pour le pays.

Mais tous ces éléments du bien ne peuvent germer, ne peuvent croître et porter des fruits abondants que là où tous les citoyens unis comme des frères ont renoncé à toute contestation, à toutes dissensions civiles, pour ne plus avoir qu'une seule et même pensée fraternelle, un seul et même but, le bien de tous, la liberté pour tous.

Propriétaires, industriels, ouvriers, sachons que nous sommes tous frères, que nous ne pouvons marcher, vivre les uns sans les autres, que toute exagération de notre part serait contraire aux intérêts de tous, qu'un salaire trop élevé pour prix du travail, ruinerait celui qui fait travailler, ou bien le forcerait à vendre très-cher aux consommateurs. Le consommateur achetant les matières premières et les objets de première nécessité à un prix très-élevé, l'ouvrier qui achète tout serait moins à son aise avec le prix très-élevé de sa journée, qu'avec celui d'une journée moins rétribuée lui permettant d'acheter les denrées et les objets fabriqués à bon compte ; car ici le travailleur concevra facilement qu'il est impossible de vendre à bas prix ce qui a été produit à grands frais.

Les machines peuvent bien enlever un peu de travail à l'ouvrier ; mais elles lui font payer les marchandises trois à quatre fois meilleur marché ; elles permettent d'élever son salaire, sans pour cela nuire aux produits ; elles ont encore l'immense avantage d'affranchir l'humanité de travaux tellement pénibles, tellement dégradants, qu'ils portent atteinte à la dignité de l'homme libre ; d'ailleurs, sans les machines, avec des salaires très-élevés pour prix du travail, pourrions-nous soutenir la concurrence avec les autres peuples ? ne marcherions-nous pas vers la ruine complète de la France, vers la misère la plus affreuse ?

Comme vous le voyez, chers frères, de quelle manière que nous envisagions la question du travail, nous reconnaissons que dans l'intérêt de tous, son prix doit rester dans de justes limites ; limites qui permettent à chacun de vivre convenablement et honorablement en travaillant dix à onze heures par jour pendant les six jours de la semaine.

Ce qui fait la gêne de l'ouvrier, c'est moins le prix du travail, qui cependant doit être raisonnable, que le temps qu'il perd, que les dépenses inutiles qu'il fait dans les cafés, dans les cabarets, pendant les instants perdus, où souvent se consomme en un moment tout le montant du prix du travail de la semaine.

L'assiduité au travail, un travail consciencieux de la part de l'ouvrier, peut seul permettre aux patrons de donner un plus fort salaire aux travailleurs. Si avec ces dispositions à mieux faire dans son intérêt, l'ouvrier renonçait à la saint-lundi, à la vie de cabaret et de café ; que d'ailleurs il vécût bien et avec économie, qu'il préférât le luxe de la propreté à tous les luxes ruineux, sachant se procurer des jouissances à bon marché, des ressources pour sa vieillesse et en cas de maladie, la classe ouvrière serait alors la classe la plus heureuse de la société, parce qu'elle n'est pas sujette comme les chefs d'ateliers de commerce, les propriétaires, à des non-valeurs, à des pertes, à des revers de fortune.

Quant au travail, il ne manquera jamais en France sous un gouvernement républicain sage et paternel, ayant à sa tête des hommes capables et dévoués à la cause nationale, chez un peuple dont l'agriculture n'est encore qu'au milieu de sa carrière, qui a des millions d'hectares de terre à défricher, l'Algérie à coloniser, un commerce qui doit s'étendre sur le monde entier, si nous savons joindre à notre fabrication la bonté, à la beauté de nos produits, c'est-à-dire, si nous joignons la bonne foi du fabricant au bon goût de nos ouvriers ; chez un peuple chez lequel des travaux publics immenses sont à exécuter, tels que creusements de canaux d'irrigation, voies de communication de tout genre, exploitation de mines de toute espèce, etc., etc.

Non, ce n'est pas le travail qui manque en France ; c'est bien plutôt une bonne direction, une bonne organisation qui manque au travail : le travail ne manque en France que parce que les ouvriers des campagnes abandonnent les produits certains des champs, pour aller faire concurrence aux ouvriers des villes, augmenter et partager leur misère.

Favorisons, honorons donc l'agriculture, toutes les industries ; et bientôt les ouvriers manqueront aux travaux multipliés des villes et des campagnes : alors le bien-être des masses sera assuré, car le manque de bras fera naturellement augmenter les salaires.

Un peuple qui a des ressources immenses dans son sol et qui les néglige, parce qu'il trouve plus agréables les occupations des villes, bien qu'elles n'offrent le plus souvent que la misère et l'immoralité, est un peuple qui marche à grands pas vers sa décadence, vers sa ruine.

Hommes d'État, représentants de la nation, réfléchissez mûrement sur les conséquences de ces tendances anti-sociales ; elles n'ont pas fait de tels progrès en France qu'il ne soit encore possible d'y remédier ; mais il faut se hâter, parce que plus tard il ne serait plus temps.

La fortune de la France est tout entière dans son sol ; si les citoyens montraient de l'antipathie pour la culture de la terre, il en serait fait de la fortune publique et privée de notre beau et bon pays. Les Romains furent un grand peuple, aussi longtemps qu'ils préférèrent les travaux de l'agriculture, aux travaux, aux occupations des villes ; mais dès que l'agriculture passa des mains de l'homme libre dans celles de l'esclave, Rome ne compta plus au nombre des grandes nations de l'antiquité, et bientôt il ne resta plus d'elle que le souvenir de ses antiques vertus.

Nous Français, nous marcherions bien plus vite vers l'abime si nous abandonnions les travaux des champs, car nous n'avons pas, comme les Romains, la ressource des esclaves ; en déclarant, dans l'intérêt de l'humanité, tous les hommes libres, nous avons contracté l'obligation de remplir toutes les professions ; or, la plus honorable comme la plus libre, la plus utile, est celle qui fait sortir de la terre les matières premières, celle qui alimente toutes les industries, celle qui est la mère nourricière de tous les peuples, comme de tout ce qui a vie sur la terre.

Nous aimons la liberté, nous avons les sentiments républicains : sachons donc avoir aussi les vertus du démocrate, c'est-à-dire les vertus austères qui ne reculent devant aucunes difficultés, devant aucuns travaux, lorsqu'ils doivent amener la prospérité, faire la puissance et le bonheur de la République.

Puisque le bien-être de tous les citoyens, la prospérité, la puissance de la France, ne peuvent se trouver que dans la bonne culture, la culture générale du sol, pourquoi ne nous empresserions-nous pas, à l'envi, de demander à la terre, à cette mère nourricière des peuples, les ressources immenses que nous chercherions vainement ailleurs. Sully disait : « Tout prospère dans un État où fleurit l'agriculture. »

Près de trente ans de ma vie passés à fouiller les entrailles de la terre pour apprendre à la connaître et à perfectionner ses produits me permettent aujourd'hui d'assurer qu'elle n'est point une mère ingrate ; qu'en la raisonnant, qu'en perfectionnant les travaux de l'agriculture, l'ouvrier colon trouvera toujours en elle un fort salaire pour le prix de son travail.

Chefs de la République, représentants de la nation, vous tous qui voulez le bien du peuple, soyez bien convaincus que sous le beau climat de la France, c'est du sol que doivent sortir les richesses nationales ; que c'est dans l'amélioration seule de l'agriculture que vous trouverez le remède aux maux qui affligent notre beau et bon pays ; que toutes mesures prises pour porter remède au mal qui n'auraient pas pour bases l'amélioration de la production du sol, pourraient bien le pallier, mais le guérir jamais ; ma conviction est telle à cet égard, qu'aussi longtemps que je vivrai, je ne cesserai de répéter : Le bien-être du peuple, des masses, est tout entier dans les produits de la terre; ce sont eux qui fécondent toutes les industries, les sources de la richesse publique.

Nous disons donc hautement sans crainte d'être démenti par les hommes sérieux, que toute organisation sociale qui n'aura pas en France pour base la plus grande production du sol, ne sera jamais qu'une organisation éphémère, sur la durée, sur la stabilité de laquelle il ne faudra pas compter; si donc nous voulons asseoir la République sur des bases inébranlables, la rendre impérissable, assurer le bien-être de toutes les classes de la société, rendre la France grande et puissante, ce sont d'abord les améliorations de tous genres en agriculture qui doivent fixer toute notre attention et appeler toute notre sollicitude; ce n'est qu'en la favorisant, en l'organisant comme nous l'avons indiqué plus haut, ce n'est qu'en favorisant les associations de travailleurs en créant des travaux d'ouverture de voies de communication de tout genre sur tous les points, de creusement de canaux d'irrigation, de défrichement des terres incultes, en colonisant l'Algérie, en un mot en favorisant les associations pour tous les travaux publics et particuliers, sans gêner les transactions entre les chefs d'ateliers et les travailleurs, que l'on arrivera au bien-être du peuple et à donner de la stabilité aux institutions sociales de la République, que l'on parviendra enfin à lui préparer un avenir impérissable.

Avant que d'en finir sur les avantages que peuvent procurer les associations lorsqu'elles ne gênent en rien les transactions entre le chef d'atelier et le travailleur, nous croyons devoir revenir sur les résultats avantageux que peuvent fournir à la société entière les associations de secours mutuels; nous revenons sur ce point, parce que dans l'aperçu que nous en avons donné, nous ne sommes pas entré dans des détails assez étendus pour en faire comprendre toute l'importance, dans l'intérêt de l'ouvrier comme dans celui de la société entière.

Créer dans chaque commune autant d'associations de secours mutuels qu'il y a de corps d'états, y compris l'agriculture, avec rétribution mensuelle d'un franc pour chaque individu travailleur, et d'un franc cinquante centimes à dix francs, suivant le degré de fortune, pour tout chef de famille, pour tout individu payant au moins cinquante francs d'impôt, y compris tous les capitalistes.

Tout individu français âgé au moins de dix-huit ans, pouvant travailler et qui ne sera pas compris dans les deux catégories ci-dessus, fournira la cotisation mensuelle d'un franc; toutes les femmes celle de soixante-quinze centimes; les enfants, jusqu'à l'âge de dix-huit ans, celle de vingt-cinq centimes seulement; mais quelque nombreuse que soit la famille du travailleur, le maximum de sa cotisation mensuelle ne pourra jamais s'élever au-dessus de deux francs.

Les travailleurs seuls et les membres de leurs familles auront droit au secours de la caisse de secours mutuels de l'association générale: les secours ne se ront donnés qu'à ceux qui les réclameront avec raison et justice.

Ceux qui contribueront à former les fonds de la caisse, et que leur position de fortune mettra hors de la catégorie des ouvriers, ne seront que membres honoraires dans l'association générale, et n'auront aucun droit aux bienfaits de la caisse de secours mutuels.

Si l'on joint à cette caisse ainsi organisée le montant des sommes qui pourraient provenir de l'organisation proposée par le citoyen Gasnier pour former une caisse de retraite aux ouvriers, les fonds versés chaque année dans la caisse générale s'élèveraient à plus d'un milliard avec les intérêts des sommes en caisse.

A l'aide de cette cotisation générale, dès qu'un ouvrier à journée ou à gages, ou un membre de sa famille sera malade, il recevra les médicaments, les soins du médecin, de garde-malades aux frais de la caisse; il recevra de plus le pain et la viande nécessaire à l'individu malade, et, lorsque ce sera le chef de famille qui sera atteint de maladie, il recevra en outre chaque jour, pour des secours à sa famille, le montant en nature du quart d'une journée de travail, si toutefois ce secours lui est nécessaire; on pourra même l'augmenter dans le cas où la famille de l'ouvrier serait très-nombreuse.

Tout ouvrier infirme recevra des secours en nature, dont le montant journalier ne pourra jamais dépasser le montant d'une demi-journée de travail.

Tout ouvrier chargé d'une nombreuse famille qui

ne pourrait l'entretenir par son travail, recevra les mêmes secours.

Tout ouvrier arrivé à l'âge de 65 ans qui serait reconnu dans le besoin, et auquel le grand âge ne permettrait plus de travailler, recevra une retraite proportionnée aux fonds disponibles à cet effet.

Comme on le voit, dans cette combinaison qui ne gêne en rien les transactions entre les chefs d'ateliers et les travailleurs, l'ouvrier est assuré du bien-être dans toutes les positions de sa vie, en santé par son travail, que la patrie doit exiger de lui ; malade, chargé de famille, par des secours ; dans sa vieillesse, par une retraite.

Tout ouvrier qui sera muni d'un livret délivré par l'autorité communale, lui servant de passe-port pour voyager, aura en tous lieux droit aux secours ci-dessus énumérés, suivant la position dans laquelle il se trouvera.

La caisse générale de secours mutuels sera de deux natures ; tous les fonds versés par les ouvriers seront administrés, et les secours distribués par eux, à ceux dans le cas de les recevoir, rendant toutefois compte de leur gestion à l'autorité municipale.

Tous les fonds fournis par les contribuables payant au moins 50 fr. d'impôts au-dessus, et leurs ayants-causes, formeront une caisse municipale ; cette caisse fournira des secours aux caisses ouvrières, si celles-ci venaient à tarir. C'est également de la caisse communale que sortiront les retraites accordées aux ouvriers, et les secours extraordinaires.

Le conseil d'administration de cette caisse sera composé du maire-président, du curé de la paroisse, de dix conseillers municipaux, de dix délégués des différents corps d'état, et d'un nombre égal de membres pris parmi les citoyens les plus recommandables par leur savoir et leur bienfaisance; la caisse recevra tous les dons.

Tout individu Français fera partie de l'association, et pourra, dans le cas de besoin, en réclamer les bienfaits, pourvu toutefois qu'il n'ait subi aucun jugement infamant, qu'il n'ait été chassé d'aucune société.

La police des sociétés d'ouvriers par corps d'états, pour ce qui regarde la conduite privée comme sociétaire, sera réservée à chaque société particulière par corps d'états; tout paresseux, mauvais sujet, voleur, sera chassé de la société, et, outre le déshonneur, n'aura plus droit à ses secours, quelles que soient d'ailleurs les sommes qu'il aura versées à la caisse; de plus, il perdra ses droits de vote comme citoyen, lorsque le conseil d'administration communal et les tribunaux, auxquels le condamné pourra toujours en rappeler, auront maintenu le jugement.

On ne saurait se faire une idée bien juste de tout le bien matériel et moral que produirait cette mesure de haute économie sociale. Ce bien serait d'autant plus avantageux dans les circonstances actuelles, qu'il peut avoir un effet immédiat; pour que cet effet soit spontané, il ne s'agit que de payer de suite le premier mois de la cotisation générale.

Dans le bourg du Déage (Drôme) que j'habite, la

société des vignerons, composée de trois cents membres, organisée depuis une quinzaine d'années, a pourvu à tous les besoins de ses malades, de ses infirmes ; elle a soulagé toutes les misères des associés, au titre indiqué ci-dessus, avec une rétribution mensuelle de 75 centimes par individu, ne comptant que cinquante honoraires payant comme les autres membres 75 centimes par mois ; cependant la société a aujourd'hui en caisse, en outre de ses ressources ordinaires, plus de 25,000 francs.

Cet aperçu peut donner une idée assez juste de ce que pourront les ressources bien supérieures que nous proposons.

Comme on le voit, sous le régime de cette organisation sociale, il n'y aura plus de prolétaires ; les travailleurs auront, outre leur capital de travail, leur caisse, leur fortune, leurs propriétés qu'ils protégeront en maintenant l'ordre à l'intérieur et défendant le sol de la patrie ; ils seront des citoyens dévoués au bien public, ils tiendront au sol du pays, parce qu'ils y trouveront un bien-être qu'ils ne pourraient trouver nulle autre part ; d'un autre côté, leur dignité d'homme n'aura pas à souffrir, parce qu'ils n'auront plus à tendre la main pour satisfaire leurs besoins ; ils les satisferont de leurs propres deniers ; car, par un travail assidu et consciencieux, ils achèteront les sacrifices faits pour eux par les plus favorisés du côté de la fortune ; enfin, ils seront, dans toute l'étendue du mot, des citoyens vertueux, tous dévoués à la prospérité et au bonheur de leur pays, travaillant sans cesse pour s'élever à la hauteur du bien-être, de la fortune même.

Pour arriver sûrement à cet heureux état de choses, il faut laisser la plus grande liberté au commerce particulier, l'État ne devant intervenir ici que lorsque la loi est méconnue ou enfreinte ; mais il ne doit rien négliger pour mettre en pleine activité tous les ateliers nationaux, tous ceux qui, loin de porter atteinte à l'industrie particulière, ne peuvent que la favoriser en occupant les citoyens à des travaux utiles à la prospérité nationale.

En agriculture, plus de terres incultes, plus de jachères ; défricher les bois en plaine pour les rendre à la culture des prairies, des céréales et aux produits de tous genres ; reboiser les coteaux, les montagnes, doter le midi de la France de canaux d'irrigation : nos hautes montagnes sont remplies de bois de construction magnifiques, bien supérieurs, en bonté et beauté, à ceux que nous allons acheter fort chèrement à l'étranger ; pourquoi par l'association ne tenterions-nous pas de les faire exploiter ; les chemins de fer et toutes les voies de communication à créer et à améliorer sont autant de travaux utiles à l'agriculture, qui peuvent occuper une immense quantité de citoyens.

Pour l'industrie commerciale, nous avons des mines de toute espèce, des hauts-fourneaux qui sont restés jusqu'à présent sans produits, faute de moyens suffisants, chez les particuliers, pour les exploiter. Pourquoi l'État ne mettrait-il pas en pleine activité ces sources de prospérité nationale ? Enfin, en dehors de l'industrie particulière, il existe une infinité d'entreprises d'utilité générale que le gouvernement républicain peut exploiter pour donner du travail à tous les citoyens qui en manqueraient : c'est à ce gouvernement qu'il appartient d'user largement, avec génie et économie, de toutes les ressources que présentent notre sol et nos différentes industries, d'étendre nos marchés à l'égal de ceux de l'Angleterre, par l'amélioration de notre marine et de notre commerce maritime. Ce ne sera que par le développement et la réalisation de ces hautes mesures d'économie politique, que nous parviendrons à résoudre le grand problème qui occupe les hommes d'État depuis bien des siècles, et qui actuellement doit fixer tout particulièrement l'attention des hommes sérieux.

Lorsque l'industrie particulière et l'État auront mis à profit toutes les ressources de la France, alors ce ne sera plus le travail lucratif qui manquera aux citoyens, ce sont les bras qui manqueront au travail ; alors, sans faire fausse route, nous serons parvenus à faire régner partout le bien-être et à donner à toutes les classes de la société l'instruction si nécessaire, pour que les citoyens puissent tous, au même titre, jouir de tous les droits politiques.

Mais où prendre de l'argent, dira-t-on, pour favoriser ces entreprises d'économie politique ? nous répondrons : sur les économies qui peuvent être faites sur notre énorme budget, sur les ressources extraordinaires. Faisons disparaître toutes les sinécures ; plus de cumul de traitement ; retranchons de moitié

tous les traitements des hauts fonctionnaires; sim-
plifions les organisations, diminuons la bureaucratie;
faisons cesser les abus dans tous les services de
l'État; ne mettons dans les administrations que des
hommes probes; flétrissons la concussion, retranchons tous les services dont on peut se passer; ren-
dons productifs tous ceux d'utilité publique; faisons
administrer les finances par des hommes d'une haute
capacité. En temps de paix le soldat doit servir sept
ans; laissons-le quatre ans au corps pour s'instruire,
faisons-lui passer les trois autres dans sa famille;
accordons des semestres à tous les officiers qui en de-
manderont; n'employons les officiers généraux qu'en
nombre strictement nécessaire; que les autres soient
placés en disponibilité avec un demi-traitement;
vendons tous les bois en plaine, toutes les propriétés
inutiles de l'État pour les rendre à l'agriculture et au
commerce; enfin usons de tous les moyens qui sont
à la disposition de la République, toutes les fois qu'ils
ne léseront pas les citoyens dans leurs droits, car il
s'agit ici d'améliorer, d'organiser dans l'intérêt de
tous pour amener la France au plus haut degré de
prospérité nationale, et non de froisser les intérêts
des citoyens, ce qui aurait les plus désastreuses conséquences.

Un mot sur la colonisation de l'Algérie.

Si nous voulons faire de ce beau et bon pays une
province utile à la France, nous devons renoncer à
y envoyer des colons isolés; ce n'est que parce que
nous avons procédé ainsi jusqu'à présent, que nous

ne sommes parvenus qu'à peupler quelques villes, que les campagnes sont restées inhabitées et que la production du sol est restée nulle.

Sous le soleil ardent de l'Afrique, la terre ne produit qu'à la condition d'une grande spontanéité dans les travaux de culture et dans la récolte des produits; or, on ne peut obtenir cette spontanéité dans les travaux agricoles en Algérie que par l'emploi de bras nombreux, agissant dans le même but pour l'intérêt commun, c'est-à-dire qu'il ne peut y avoir de résultat avantageux dans l'agriculture de ce bon sol, que par l'action collective d'associations composées au moins de cinquante familles, travaillant, récoltant, préparant la vie animale en commun, bien que vivant en famille, c'est-à-dire que nous ne pourrons produire beaucoup en Algérie, et soutenir la concurrence avec les indigènes pour la valeur des produits, qu'en organisant nos colons en espèces de tribus civilisées, jouissant de tous les avantages des citoyens français.

En Algérie, plus que partout ailleurs, c'est l'union qui fait la force; car dans un pays où tout est encore à créer, la force seule peut faire prospérer l'agriculture, comme toutes les industries; là il s'agit de mettre en culture un sol en friche depuis des siècles, de former un peuple nouveau, de lutter contre les éléments, de forcer une nature inconnue à nous devenir propice : tout cela ne peut s'obtenir que par une force collective agissant dans un intérêt commun; encore sans le secours de l'armée, qui doit, par le grand nombre de ceux qui la composent, aplanir toutes les difficultés, il serait impossible aux colons, quelque nombreuses que fussent les associations, de vaincre toutes les difficultés que présente toujours une terre déserte; avant l'arrivée des colons, l'armée devra donc ouvrir des voies de communication, creuser des canaux d'irrigation, en un mot faire l'assiette de la colonisation.

Ce qui doit engager la République et les colons à ne reculer devant aucune difficulté propre à coloniser l'Algérie, c'est de songer que l'Afrique fut autrefois le grenier d'abondance de l'empire romain ; que cette terre, deux ou trois fois plus fertile que la nôtre, peut nous procurer des ressources immenses, et satisfaire les besoins de ceux qui seraient assez patriotes pour aller augmenter les ressources de la République en la dotant d'une riche province, présentant de vastes et fertiles champs qui ne demandent que de la culture pour donner de bons et abondants produits ; mais pour que la colonisation soit possible, il faut que les villages qui doivent peupler l'Algérie s'organisent en France ; ce n'est que lorsque tous les moyens d'établissement, de culture et d'existence seront assurés, que les villageois devront se mettre en route pour aller peupler et cultiver l'Algérie.

Matériellement, tout ce que nous venons de conseiller, bien compris, bien appliqué, peut amener le bien-être général en France ; mais ces mesures d'économie politique ne peuvent avoir cet heureux effet qu'à la condition d'être aidées par la morale et un

bon esprit public. C'est par le travail, l'instruction,
la morale civique et religieuse, excités par des récompenses nationales donnant de la considération,
que l'on fera naître en France un bon esprit public,
et que l'on fera disparaître le mutisme des ouvriers.

Le citoyen laborieux, instruit, économe, vertueux,
quelle que soit d'ailleurs sa position dans la société,
lorsque, par ses travaux, ses vertus, il se sera acquis
l'estime de ses concitoyens, devra être publique-
ment, honorifiquement récompensé; celui, au contraire, que chacun méprise parce qu'il est paresseux,
débauché, et qu'il préfère le vice aux grandes vertus
du citoyen, doit être flétri dans l'opinion publique,
être considéré comme ennemi de la patrie, et traité
comme tel. Le temps est arrivé où chaque citoyen
doit, d'une manière quelconque, se rendre utile à son
pays, et recevoir la récompense de ses services, de
ses vertus.

Toutes les professions étant également utiles, toutes
doivent être également honorables, tous les citoyens
doivent être récompensés de la même manière. C'est
en accordant la même récompense à tous les hommes
qui exercent honorablement une profession quelconque, depuis le cordonnier jusqu'au maréchal de
France, que l'égalité fraternelle proclamée par la
révolution de Février sera une vérité. Lorsque les
récompenses seront les mêmes pour tous, qu'elles ne
seront accordées qu'au mérite spécial et à la vertu,
tous chercheront à devenir bien méritants et vertueux, parce que c'est de la vertu récompensée que

naîtra l'estime des citoyens pour les citoyens. Or, lorsque toutes les classes de la société pourront arriver au même degré d'estime et de considération, la France entière ne formera plus qu'une seule et même classe, une seule et même famille, dont tous les membres seront des citoyens vertueux dévoués à la patrie. L'égalité sociale sera alors parfaite, les droits politiques un bienfait pour tous.

Gouvernants, représentants de la nation, c'est là l'heureux état de choses que vous devez faire prévaloir, si vous voulez établir la République sur des bases solides, si vous voulez la consolider et la perpétuer à jamais ; les institutions sociales, fondées sur la vertu, seules ont de l'avenir, sont impérissables.

Il prévaudra cet état de choses, si vous savez faire naître l'amour du bien dans toutes les âmes, en récompensant le vrai mérite, la vertu, partout où ils se trouvent ; en punissant sévèrement les coupables, les hommes vicieux, ces hommes qui sont le fléau de la société. Faites pour cela de bonnes lois, établissez de bonnes institutions dans le cours de vos travaux constituants et législatifs ; n'oubliez jamais que tout pouvoir, pour être fort, doit se distinguer par la justice et l'équité, que tout pouvoir arbitraire est sans force et sans stabilité, que tout pouvoir faible est méprisé.

Rien n'excite mieux les nobles sentiments du bien, rien n'engage plus à la pratique des vertus que les récompenses nationales bien méritées ; parce qu'elles donnent de la considération et nous méritent l'estime générale ; il serait bien que dans toutes les communes, il fût distribué aux frais de la commune des médailles d'honneur à tous les citoyens reconnus bien méritants par leurs vertus sociales et privées.

Il y aurait trois catégories de médailles : trois de bronze, trois d'argent et trois d'or; la petite, la moyenne, la grande par chaque catégorie. Nul ne pourrait obtenir le module supérieur qu'en l'échangeant contre le module inférieur, et ne pourrait arriver de l'un à l'autre que par une conduite toujours plus méritante.

Ces récompenses honorifiques seraient accordées aux citoyens de toutes les professions qui donneraient l'exemple de l'assiduité au travail, et celui de toutes les vertus sociales; elles seraient accordées par le conseil municipal, assisté d'un nombre égal à ce conseil, des citoyens les plus recommandables et les plus instruits de la commune; l'assemblée serait présidée par le maire, qui présentera les candidats que désignera l'opinion publique.

La distribution des récompenses nationales sera faite en assemblée solennelle et publique, par le fonctionnaire le plus élevé en distinction, et en présence de toutes les autorités.

Lorsqu'un citoyen aura échangé successivement les neuf médailles d'honneur, qu'il sera arrivé au plus grand module d'or, son nom sera inscrit sur une liste tenue à la grande chancellerie de la Légion-d'Honneur par les soins du ministre de l'intérieur, et sur cette liste il sera tiré chaque année, au sort, un certain nombre de noms dans chaque département, pour être décoré de l'ordre de la Légion-d'Honneur, avec émolument annuel de 250 fr.

Honneurs à rendre aux décorations-médailles.

Le factionnaire s'arrêtera devant celle de bronze, fera face à l'individu décoré, mettra l'arme au pied, frappant par terre un coup de la crosse de son fusil.

Devant le décoré de celle d'argent, il restera immobile, l'arme au bras, portant la main à la poignée.

Le factionnaire portera les armes devant les médailles d'or.

Les qualités particulières qui devront fixer l'attention de l'autorité pour accorder aux citoyens les récompenses nationales, seront une grande aptitude au travail, une conduite irréprochable et exemplaire, l'ordre, l'économie, l'épargne, les qualités du bon père, du bon fils, du bon époux, en un mot toutes les qualités privées et publiques qui constituent le vertueux citoyen, le patriote dévoué.

Tout ouvrier, domestique, sera porteur d'un livret qui lui servira de passeport, lorsqu'il sera visé par les autorités des lieux où il passera.

Le chef d'atelier ne sera quitte envers l'ouvrier que lorsqu'il aura inscrit sur ce livret, jour par jour, les sommes payées pour le salaire du travail.

Tout ouvrier qui se distinguera par sa bonne conduite, sa sagesse, et dont le livret sera bien rempli, sera porté sur la liste de ceux qui doivent recevoir les récompenses nationales, les médailles d'honneur.

Tout négociant, chef d'atelier, sera forcé de tenir un registre sur lequel il inscrira le compte exact de tous les mouvements de son commerce et les noms de ceux avec lesquels il a fait des affaires. De plus, tout négociant, chef de commerce, sera tenu de prévenir ses créanciers dès que son passif sera égal à son actif. Toutes les fois qu'un négociant aura manqué à ces obligations, et qu'il fera perdre ses créanciers en donnant son bilan, il sera considéré comme banqueroutier frauduleux et traité comme tel.

Tout industriel qui prospérera par la bonne foi qu'il aura mise dans ses relations de commerce avec tous ceux auxquels il aura eu affaire, sera honorifiquement récompensé en recevant des médailles d'honneur.

Tout cultivateur, tout agriculteur honnête homme qui fera prospérer les produits des champs par des améliorations agricoles raisonnées, qui par son travail, les engrais qu'il emploiera, changera la nature du sol qu'il exploite, c'est-à-dire celui qui donnera un haut degré de fécondité à un sol mal cultivé ou de mauvaise nature, aura droit, comme les industriels de tout genre bien méritants, aux récompenses natonales. L'armée aura également droit aux médailles d'honneur.

Par ces mesures pleines de justice et d'équité nous assurerons le travail à tous les citoyens ; nous préviendrons toutes les spéculations aventureuses, qui sont celles qui jettent la perturbation dans la société par la banqueroute et la mauvaise foi ; nous favoriserons l'amélioration de l'agriculture ; nous consoliderons le crédit public, l'ordre social à la satisfaction et au profit de tous ; en un mot, nous créerons un bon esprit public, nous éléverons la puissance. l'honneur national en assurant le triomphe de toutes les vertus.

La plupart des mesures que nous proposons, devant avoir des effets immédiats, pourront parer aux premières nécessités du moment, et, jointes à celles qui ne peuvent avoir que des effets successifs, elles assureront le bien-être des travailleurs et la prospérité de la France, parce que toutes elles sont de nature à guérir les plaies qui l'affligent actuellement. Elles auront de plus l'immense avantage de rendre la République puissante et impérissable, car toutes mesures qui favorisent et satisfont efficacement le peuple, qui adoucissent les mœurs, qui donnent de l'aisance, de la considération aux classes laborieuses, seront toujours le plus solide appui de l'ordre social.

Mais pour que ces mesures d'organisation sociale de haute politique puissent répandre leurs bienfaisantes influences sur la France républicaine, il nous faut des lois qui forcent tous les citoyens au travail, qui le favorisent, qui honorent et récompensent le travailleur laborieux, qui punissent et flétrissent le paresseux, l'ivrogne, l'homme immoral.

Le travail est la seule et unique richesse des peuples ; il est le mobile de toutes choses ; sans lui tout ce qui est utile resterait dans le néant, la civilisation périrait : sans le travail, l'homme redeviendrait à l'état sauvage, et serait de nouveau condamné à manger du gland, à se loger dans les grottes, à se vêtir de la peau des bêtes féroces, des bêtes fauves, auxquelles il serait assimilé ; de cet état irrégulier, renaîtrait le chaos, et l'homme disparaîtrait de la surface de la terre.

Comme on le voit, le travail est la chose la plus utile, la plus respectable dans le monde, puisque sans lui il n'y a point de civilisation, d'ordre social possible : c'est donc le travail qui doit tout d'abord fixer l'attention de nos représentants, de nos gouvernants.

Le temps est venu où le travail doit prendre le rang honorable qu'il doit occuper dans toutes sociétés civilisées, c'est-à-dire qu'il doit y occuper le premier rang ; l'homme qui consacre tous les instants de sa vie à des travaux utiles à la société, à son pays, doit être considéré, honoré, récompensé ; celui au contraire qui lui refuse les facultés de ses bras et de son intelligence, doit être considéré comme un vagabond et traité comme tel.

Que partout, par tous, et pour tous, la semaine soit employée utilement ; plus de saint-lundi ; que le dimanche soit le seul jour de repos.

Que chacun sache bien que sans l'instruction, le travail, l'économie, l'ordre, la bonne foi et la tranquillité, il n'est point de république possible ; que l'ignorance, la paresse, la prodigalité, l'immoralité, le désordre, dans les idées comme dans les actions, nous conduiraient directement vers le despotisme ou vers le démembrement de l'empire, vers la perte de nos libertés et de nos droits politiques, nous précipiterait dans le gouffre de la plus affreuse misère.

Ouvriers de Paris, vous qui avez combattu courageusement pour donner la liberté au peuple français, à la généralité de la nation, dont vous n'êtes qu'une fraction, complétez votre sublime ouvrage ; prouvez au monde entier qui vous contemple, à la France surtout, que lorsque vous avez combattu et vaincu le despotisme, vous n'avez jamais eu l'intention de le remplacer par la tyrannie de la force, de créer un privilége en faveur d'une classe de citoyens ; prouvez qu'au contraire c'est l'abus de la force opprimant les faibles que vous avez voulu à jamais détruire, que c'est la liberté pour tous que vous avez conquise ; que ce que vous avez voulu, que ce que vous voulez encore, que ce que vous voudrez toujours, c'est que tous les membres de la grande famille française jouissent sans réserve des douceurs d'une fraternelle égalité, sous l'égide d'une sage liberté, donnant le bien-être à tous les citoyens, tout en respectant les droits acquis.

Comment montrerez-vous au monde entier, à vos frères, les nobles et sages sentiments de patriotisme qui vous animent, la droiture de vos intentions généreuses ? en rentrant dans les ateliers, où par des travaux utiles, vous rendrez à la France la confiance que des manifestations trop prolongées détruiraient.

C'est par le travail que vous rendrez de véritables

services, à la France républicaine, que vous ramènerez l'aisance et le bien-être au sein de vos familles.

Aujourd'hui l'établissement de la République n'est plus une question ; c'est un fait accompli qui ne rencontrera plus d'opposition sérieuse, dès que l'ordre et la confiance seront consolidés sous le règne de l'ordre, de la liberté, surtout de la liberté du vote.

La voix du peuple est la voix de Dieu ; aussi, avec l'esprit de juste équité qui domine les masses, livrées à elles-mêmes, il sortirait toujours d'excellents choix du vote universel ; malheureusement le peuple français, trop impressionnable, pas encore généralement assez instruit, se laisse trop facilement entraîner dans la voie du mal, lorsqu'elle s'ouvre devant lui sous les apparences du bien.

Les passions politiques, usant largement de cette faiblesse humaine, parviennent trop souvent à blanchir aux yeux du peuple ce qui est noir ; c'est au nom de ses intérêts, que rien ne compromet plus que les troubles politiques, au nom des nobles sentiments de patriotisme, d'égalité, de liberté, que les passions politiques foulent aux pieds, qu'elles faussent les droites et justes intentions des masses. C'est là un abus de la force brutale qu'il faut faire disparaître de nos mœurs politiques.

Le Gouvernement républicain est bien certainement le plus avantageux pour la cause du peuple, puisqu'il protége les droits de tous, qu'il favorise particulièrement le bien-être des citoyens les moins favorisés de la fortune ; par ces raisons, il devrait être

à l'abri des secousses populaires, du mauvais vouloir
des passions politiques ; mais l'ambition ne regarde
ni où elle frappe ni qui elle frappe : elle veut arriver
à tout prix ; c'est à la sagesse du peuple qu'il appartient de faire justice de ces idées subversives de
l'ordre social, de ces méfaits dangereux, non par la
force brutale, mais par la résistance calme et équi-
table qui force toujours le mauvais vouloir à l'im-
puissance.

Méfions-nous des hommes officieux, qui, pour
satisfaire leurs désirs ambitieux, pour donner cours à
leurs projets déçus, viennent jusque dans nos domi-
ciles nous tromper, nous en imposer par de fausses
promesses, des paroles mensongères ; exploitant notre
crédulité par tous les moyens les plus indignes, pous-
sant même l'impudence jusqu'à s'emparer de nos
votes par l'intimidation, lorsqu'ils croient ne pouvoir arriver autrement à leurs fins : Ils procèdent de
la même manière lorsqu'ils veulent arriver à l'émeute,
qui se compose toujours de quelques ambitieux et
d'un grand nombre de dupes.

Le vote consciencieux est celui qui nous vient de
nos propres inspirations ; cependant, lorsque nous
avons besoin de nous éclairer sur le plus ou moins de
moralité, sur le degré de savoir du candidat, ce n'est
pas à la source des avocats de cabaret, de carrefours
que nous devons puiser nos renseignements : ces
hommes sont toujours les émissaires, les séides
des mauvaises passions ; nous devons nous adresser
à nos amis, à des hommes sages et éclairés, à des

citoyens vertueux qui ne donnent des avis, des conseils, que lorsqu'on les leur demande : c'est en rendant ainsi hommage à la vertu, que nous ferons de bons choix pour la représentation nationale, que nous forcerons le vice à se cacher dans l'ombre, que nous amènerons le triomphe de l'union fraternelle, de l'égalité, de la liberté pour tous, que nous fonde-rons une République puissante, heureuse et impé-rissable.

Le Gouvernement républicain est le plus beau com-me le meilleur de tous les Gouvernements lorsqu'il est consolidé; or, l'extrême bien convient à tout le monde; mais l'hésitation, l'instabilité dans l'organisation so-ciale fatigue et détruit toute confiance : c'est là ce que pensent les hommes qui savent que l'union fait la force, que l'ordre, la tranquillité rétablissent la con-fiance ; qui savent que ces mobiles sont absolument né-cessaires à la consolidation d'un Gouvernement répu-blicain.

L'ordre, la confiance seront rétablis en France, les rouages du Gouvernement républicain fonctionneront avec la plus grande facilité dès que l'ordre légal aura succédé à l'arbitraire, dès que l'accord le plus parfait régnera entre le travailleur et celui qui fait travailler; là est la question de vie et de mort pour la Répu-blique ; comme nous l'avons déjà dit, si l'ouvrier ruine son patron, il se ruine lui-même, il ruine la chose publique en ruinant l'industrie et le commerce, qui ne peuvent prospérer que lorsqu'ils sont libres de toute entrave.

Que la justice reprenne son cours, que l'union la plus parfaite règne entre l'ouvrier et le patron, que la liberté individuelle, la propriété, soient respectées, que chacun de nous s'empresse de contribuer à former la caisse qui doit mettre en œuvre les moyens que nous avons proposés pour venir en aide à la classe laborieuse ; enfin, donnons de la considération au travail, honorons toutes les professions; et bientôt nous reconnaîtrons tout ce que peuvent les bonnes intentions lorsqu'elles sont dictées par les sentiments d'une véritable philanthropie.

Comme je l'ai déjà dit depuis trente ans, je cherche la solution du problème de l'amélioration du sort de la classe laborieuse ; j'ai retourné cette question sous toutes les faces, j'ai fait les calculs les plus exacts pour arriver à la solution la plus convenable dans l'intérêt des travailleurs ; après des milliers d'excursions, d'investigations sur ce point important, j'ai toujours été obligé de revenir à ce principe immuable : que l'instruction, le travail, l'économie, la bonne foi, l'ordre public favorisés par le Gouvernement, sont les seuls moyens d'amener toutes les classes de la société, et particulièrement celles qui travaillent, au bien-être que nous désirons tous ; que hors de ces dispositions, de ces conditions sociales, il n'est pas de bien-être possible et durable pour les travailleurs, et même pour toutes les classes de la société ; il n'est que des mesures impraticables impossibles, bien que dictées par les meilleures intentions.

Les bonnes intentions honorent ceux qui les manifestent, mais elles ne suffisent pas toujours pour arriver à la solution d'un problème difficile ; il n'en est pas de plus difficile à résoudre que celui qui concerne la question des travailleurs ; il faut bien posséder son sujet, être bien maître de ses idées, de ses actions pour ne pas faire fausse route sur ce terrain brûlant où s'agitent les passions humaines : aussi jusqu'à présent les assertions avancées sur ce point se ressentent-elles beaucoup de cette position excentrique ; on ne considère pas assez que la question du salaire des ouvriers est si étroitement liée à celle de la prospérité industrielle et commerciale ; que vouloir résoudre la première avant d'avoir résolu la seconde, c'est ruiner les deux ensemble, c'est donner une fiche de consolation momentanée à la classe ouvrière, lui préparant la plus affreuse misère pour l'avenir par la désorganisation du travail, la ruine du commerce.

Que penserions-nous d'un agronome possédant un réservoir de la contenance nécessaire à l'arrosage de ses prairies, qui ayant négligé de l'emplir en temps opportun se trouve pris au dépourvu, aux chaleurs de l'été, et qui voyant périr l'herbe de ses prés chercherait à la rappeler à la vie par une trop forte dose d'excitant de végétation, qui, loin de produire le bien qu'il en espère, ne fait qu'effriter, perdre même le sol.

Nous penserions que dans sa conduite, le praticien agricole a non-seulement été imprévoyant, mais encore qu'il a manqué d'expérience, puisque après avoir gravement compromis ses intérêts et ceux de ses ayant-cause, il a cherché à les réparer par un remède pire que le mal.

Dans les circonstances difficiles dans lesquelles nous nous trouvons, gardons-nous, pour guérir la plaie qui afflige la société, d'employer comme l'agronome imprévoyant, imprudent, un remède qui, loin de le guérir, détruirait le corps social.

Le réservoir qu'il est important de remplir maintenant, est celui de l'industrie; c'est là qu'est contenu l'élément bienfaisant qui doit féconder le travail, la seule et unique richesse des masses, l'appui le plus solide de l'ordre social.

Si, au lieu de commencer par favoriser l'industrie pour lui donner la nouvelle vie dont elle a le plus grand besoin dans le moment actuel, nous agissons de manière à ruiner ceux qui s'y livrent; si au lieu d'établir l'amélioration des salaires, la diminution du travail, sur la prospérité de l'industrie générale de la France, si, en un mot, nous commençons par où nous aurions dû finir, nous ferons comme l'agronome imprudent, nous ruinerons les travailleurs, les industriels, la France entière, nous amènerons la misère dans toutes les classes de la société, nous perdrons la République, nous réduirons enfin notre beau et bon pays à la dernière des conditions sociales.

Dans le moment actuel, aidons les travailleurs de tout notre pouvoir par tous les avantages matériels à notre disposition. Mais aidons-les surtout en favorisant l'industrie générale ; par cette conduite sage, nous aurons plus fait pour eux que si nous leur distribuions des trésors, qui, restant improductifs, auraient bien vite disparu ; ce n'est pas quelques pièces de monnaie mises dans la main de l'ouvrier qui peuvent faire naître le bien-être dans la nombreuse classe des travailleurs ; ces hommes utiles doivent tout attendre d'un travail productif, de l'économie et de la sollicitude constante des gouvernants, des représentants de la nation, de tous les hommes sages et sérieux travaillant constamment à augmenter successivement le bien-être des masses ; c'est surtout en prouvant à la classe utile des travailleurs que, ainsi aidée, elle seule peut, par sa sagesse et son travail, remplir le réservoir de la richesse publique ; c'est en lui prouvant que ce ne sera que lorsque ce réservoir sera à son comble que tous les citoyens travailleurs pourront jouir de la plus grande somme de bien-être, qu'alors seulement ils pourront remplir sans gêne tous les devoirs, tous les droits du citoyen.

Nous n'avons encore rien dit de l'égalité des salaires parce que nous l'avons considérée comme aussi impossible que l'égalité des facultés ; nous avons toujours pensé que l'homme ne pouvait vouloir ce que la nature déniait. Vouloir rétribuer aussi largement l'homme borné, l'homme paresseux que l'homme laborieux et d'une haute intelligence, n'est-ce pas éteindre toute espèce d'émulation, la noble ambition qui enfante les bonnes et grandes choses ; n'est-ce pas faire rétrograder la société vers la barbarie ? Condamner le savoir, le désir de bien faire, à marcher de pair avec l'ignorance, le mauvais vouloir dans l'exé cution des travaux, ce n'est pas seulement agir impo- litiquement, c'est encore agir contre toute juste équité.

Penser encore que l'égalité des salaires rendrait la classe des travailleurs plus heureuse est une grande erreur ; car, si vous élevez trop les salaires, l'indus- trie croulera, parce qu'elle ne pourra plus soutenir la concurrence avec l'étranger ; l'industrie ruinée, il n'y aura plus ni travail ni salaire ; si vous abaissez les salaires élevés pour les mettre au niveau de ceux des ouvriers médiocres, paresseux, vous portez le coup le plus terrible qu'il soit possible de porter à la bonne et belle fabrication de nos marchandises, la seule chose qui soutienne notre commerce en Europe et dans le monde entier. Le jour où la belle et bonne fabrication cessera en France, vous n'aurez plus de commerce étranger, conséquemment plus de salaires élevés ; vous serez alors réduits aux simples ressources du pays, qui ne pourrait guère vous fournir un salaire moyen au-dessus de 60 centimes à 1 franc par jour par individu, en supposant que les 35 millions d'ha- bitants qui composent la population de la France travaillent depuis le matin jusqu'au soir, et se livrent au même luxe de consommation que sous le régime actuel, ce qui est à-peu-près impossible.

Or donc, comme que l'on envisage l'égalité des salaires, on trouve toujours que, loin d'être un bien- fait pour la classe ouvrière, elle serait au contraire la

plus grande des calamités pour cette classe, comme
pour la population entière de la France, par la perturbation qu'elle jetterait dans la société ; cette perturbation serait telle, que bien certainement, au bout
de quelques mois, les travailleurs ne voudraient plus
de ce système ruineux ; mais le mal qu'il aurait fait ne
se réparerait plus.

Soyons donc assez sages pour ne pas nous lancer
dans les éventualités dangereuses ; améliorons le vieux
système établi par la nature : il est le seul et unique
possible ; il s'y est glissé des abus, faisons-les disparaître ; protégeons toutes les associations possibles,
mais gardons-nous de les rendre obligatoires, de gêner dans leurs relations les contractants ; car il n'est
point de relations possibles sans une égale liberté de
part et d'autre ; enfin, employons tous nos moyens,
faisons tous nos efforts pour amener la France au
plus haut degré de prospérité nationale, parce que
c'est la prospérité générale qui doit amener l'augmentation successive des salaires et le bien-être chez les
travailleurs ; surtout n'oublions jamais que le bien-
être des classes laborieuses ne peut naître que de celui
de toutes les classes de la société ; de même que le
bien-être général ne peut naître que de la prospérité
de toutes les industries ; enfin, que le commerce ne
prospère que sous le régime de la plus entière liberté.

Dans l'état normal de la société, l'industrie est la
reine du monde ; elle commande en souveraine, elle
embrasse, elle domine tout ; c'est elle qui fournit à
tous les besoins ; mais sa toute puissance cesse là où

s'agitent les esprits, où règne le désordre : la confiance est fille de la paix, de l'union, de la concorde.
C'est sous l'égide de la confiance que naissent les produits de l'industrie ; ce sont les produits de la terre
et de l'industrie manufacturière qui donnent de l'activité au commerce, le bien-être aux masses, qui font
la richesse et la puissance des peuples.

Aujourd'hui la France souffre, non parce que les
sources de la production sont taries, mais parce que
les rouages de l'ordre social sont dérangés ; le mal
n'est pas sans remède, mais il s'aggrave chaque jour
par les idées subversives des utopistes, par ce système
problématique dont les plus chauds partisans sont
encore bien loin d'avoir trouvé la solution.

Sous l'influence de ce fâcheux état de choses, la
fabrique ne va plus, l'ouvrier ne travaille pas, le
marchand ne vend pas, le consommateur, le riche
n'achète pas, parce que les sources de son revenu
sont taries, le pauvre est dans la plus affreuse misère ;
tous souffrent, tous se plaignent, ne se rendant qu'im-
parfaitement raison des causes de leurs souffrances ;
il en est même qui les voient là où elles ne sont pas,
et qui augmentent chaque jour leur misère sans s'en
douter.

Telle est la situation grave dans laquelle se trouve
la France : cependant l'immense majorité des Français, animée des meilleures intentions, ne désire rien
tant que de mettre un terme à cet état irrégulier de
la chose publique, et travaille à la solution de ce problème ; mais soit que cette majorité manque de direc-

tion, soit que la divine Providence veuille l'éprouver pour mieux lui faire apprécier à l'avenir tous les avantages de l'ordre et de la liberté, toujours est-il qu'aujourd'hui le plus grand désordre moral règne partout en France.

De ce dédale d'idées politiques contradictoires, l'Assemblée Nationale, le pouvoir exécutif, ne feront sortir l'ordre et une démocratie pure, que par une grande fermeté, de l'énergie, un grand esprit de justice et de sagesse dans leurs actes comme dans leurs délibérations: partout force doit rester à la loi.

C'est sur le zèle, le dévouement de la garde nationale, de l'armée, dans le concours de tous les citoyens qui veulent la démocratie assise sur le vote universel, le pouvoir exécutif responsable, la liberté de la presse, la liberté d'association, mais qui veulent l'ordre avant tout, parce qu'il n'est point de liberté sans ordre, que doivent s'appuyer les pouvoirs de l'État, pour faire triompher la bonne cause et faire disparaître tout germe de dissensions politiques.

L'hésitation, la faiblesse, nous conduirait à l'anarchie, à la terreur, et, après bien des maux, au despotisme; car la mer ne peut être toujours agitée : à la tempête doit succéder le calme ; mais ce calme, si nous laissions prévaloir l'anarchie, nous l'achèterions au prix de nos libertés publiques, de la ruine de la France.

Si nous voulons créer une République d'avenir, ne lésons personne, travaillons pour tous.

Si par des actes injustes nous ruinons l'influence de la République, nous la perdons sans retour. Ce n'est pas par la force des baïonnettes que sont tombés tous les pouvoirs déchus, mais par la force du mécontentement : le mécontentement est une étincelle électrique qui, en France, se communique promptement.

Tout gouvernement qui ne marche pas escorté au moins de l'immense majorité de la population, ne doit compter que faiblement sur son avenir.

Un impôt hors de proportion sur la propriété, sur les capitaux, ruinerait l'agriculture, l'industrie et la France.

Si tout doit être imposé, tout doit l'être dans de justes limites.

Un impôt somptuaire trop élevé n'atteindrait pas le but que l'on se propose, car rien n'est plus facile que de s'en dispenser, mais il ruinerait des millions d'ouvriers et d'artisans, le commerce du luxe constituant plus de la moitié du commerce de France.

Si nous sommes forcés de créer du papier-monnaie, faisons-le avec une extrême réserve, l'hypothéquant de manière qu'il soit aussi solide que l'argent ; mais gardons-nous d'en faire supporter toute la charge à la génération actuelle.

C'est là la vérité que j'ai promise à tous les Français. Si elle est entendue et appréciée à toute sa valeur, la France sera grande, riche et puissante ; la République s'établira à tout jamais sur les bases les plus solides, elle deviendra universelle ; les trois mots *liberté, égalité, fraternité,* seront le symbole de l'union générale des peuples. Mais, si les errements, les utopies doivent prévaloir sur les bonnes et sages institutions, je prédis d'avance la ruine de Jericho, je prédis que nous serons tous, petits et grands, riches et pauvres, ensevelis sous les décombres de ses murailles croulant de toutes parts.

Créer des bons pour deux milliards de francs hypothéqués sur la propriété disponible de l'État et sur la propriété particulière; bons dont on amortirait au sort un vingtième tous les ans, en faisant rentrer cent millions argent dans les caisses de l'État, soit par la vente des propriétés de l'État, soit par une augmentation de timbre, soit par une légère augmentation des droits de succession, soit enfin en plaçant un léger impôt sur d'autres parties de la richesse publique; par cette combinaison, les bons valant de l'argent, ils ne pourront jamais subir de défaveur, même par la banqueroute de l'État, puisqu'ils seront hypothéqués sur le sol.

ERRATUM.

Page 67, ligne 14, au lieu de *plus d'un milliard*, lisez : *près de 600 millions*.

FIN.